Oyekunle Isaac Jerry Oyewo

# Czynniki warunkujące zrównoważone praktyki gospodarowania gruntami

Oyekunle Isaac Jerry Oyewo

# Czynniki warunkujące zrównoważone praktyki gospodarowania gruntami

**Wydawnictwo Bezkresy Wiedzy**

**Imprint**



Cover image: www.ingimage.com

This book is a translation from the original published under ISBN 978-613-9-44411-3.

Publisher:
Wydawnictwo Bezkresy Wiedzy
is a trademark of
Dodo Books Indian Ocean Ltd., member of the OmniScriptum S.R.L Publishing group
str. A.Russo 15, of. 61, Chisinau-2068, Republic of Moldova Europe
Printed at: see last page
**ISBN: 978-620-0-54668-5**

# WYZNACZNIKI PRAKTYK ZRÓWNOWAŻONEGO ZARZĄDZANIA GRUNTAMI WŚRÓD DROBNYCH ROLNIKÓW UPRAWIAJĄCYCH MANIOK CASSAVĘ W STANIE OYO NIGERIA

**Przez**

**OYEWO, ISAAC OYEKUNLE (PhD)**

**B. TECH (Hons) M. TECH,**

**Ekonomika rolna i rozbudowa**

**LAUTECH**

# DYDYKACJA

Projekt ten jest poświęcony Bogu wszechobecnemu, Alfie i Omedze mojego istnienia, Jego miłosierdziu i opiece nade mną, ponieważ widział mnie w trakcie tego studium, tylko Jemu całą chwałę i adorację.

# POTWIERDZENIE

Uznaję bezwarunkową miłość i miłosierdzie Boga Wszechmogącego przez Jezusa Chrystusa za sukces tej tezy, ponieważ był to bardzo trudny okres w moim życiu, ale Bóg dał mi siłę, by kontynuować to dzieło i nigdy mnie nie opuścił.

Moje skromne i serdeczne uznanie należy się mojemu przełożonemu, Prof. J. O. Oladeebo, za jego niestrudzony wysiłek na rzecz ukończenia tej pracy, a także muszę wyrazić uznanie mojemu Kierownikowi Katedry Prof. O.A. Ajao, za jego odwagę, aby zobaczyć mnie w trakcie tej pracy, Dr. M.O. Raufu, Prof. L. O. Olarinde, Prof. J. O. Ajetomobi, Dr. E. Ayanwuyi, Dr. L.T. Ogunniyi, Miss, Comfort .E. Ossom; dziękuję wszystkim za konstruktywne uwagi, wskazówki, motywację, czas i wsparcie dla sukcesu tego projektu.

Muszę jeszcze bardziej podziękować następującym osobom za ich ogromny wkład w sukces tej pracy, takim jak: dr K. K. Salman, Prof. A. B. A. Ogunwale, Prof. I. A. Adetunji, Prof. O. S. Olabode, Prof. Mrs. M. O. Adetunji, Revd, Dr. Deji Adisa, Revd, Ade. Ayoola niech Bóg błogosławi was i wasze rodziny.

Moje uznanie nie będzie kompletne bez docenienia zmarłego prof. M.O. Akanbiego, ponieważ był tam na początku, niech jego dusza nadal spoczywa w kwiecie Pana.

Na koniec chciałbym wyrazić uznanie dla mojej żony, która wspierała mnie w tym gorączkowym okresie mojego życia; szczerze doceniam pańskie zrozumienie, a także moich rodziców, państwa D. Oyewo, za ich modlitwy i bezsenną noc nade mną, będziecie zbierać owoce swej pracy. Tak więc i inni, o których nie mogłem sobie przypomnieć, aby wspomnieć o tej kluczowej godzinie, mój Bóg zapamięta was wszystkich na dobre w imię Jezusa Chrystusa.

# Streszczenie

Zrównoważone rolnictwo, bezpieczeństwo żywnościowe i niezrównoważone gospodarowanie gruntami stanowią poważny problem wśród nigeryjskich rolników. Słabe zachęty do ochrony zasobów gruntowych, wśród innych problemów społeczno-gospodarczych, spowodowały, że składniki odżywcze gleby są poważnie eksploatowane i uszczuplane. W poprzednich badaniach dotyczących zarządzania gruntami nie zbadano wskaźników dotyczących praktyk zrównoważonego zarządzania gruntami. W związku z tym w niniejszym badaniu zbadano uwarunkowania zrównoważonego zarządzania gruntami wśród drobnych rolników uprawiających maniok kasawę w stanie Oyo.

Wieloetapową technikę pobierania próbek wykorzystano do wybrania 176 rolników uprawiających maniok z czterech stref rolniczych stanu Oyo. Dane pierwotne uzyskane za pomocą dobrze skonstruowanego kwestionariusza były analizowane za pomocą statystyk opisowych, takich jak zliczanie częstotliwości, wartości procentowe i średnie, regresje wielokrotne i tobołkowe oraz logika rozmyta.

Wynik pokazał, że średni wiek, wielkość gospodarstwa rolnego, wielkość gospodarstwa domowego, produkcja manioku i doświadczenie rolnicze rolników wynosiły odpowiednio 50,15 roku, 2,89 hektara, 6,30, 37,50 tony i 13,4 roku, mężczyźni stanowią 73,9%, 80,7% byli małżeństwem, większość (87,5%) posiadała gospodarstwa o wielkości od 0,5 do 5,0 hektarów, a 85,8% polegało na lokalnych ręcznych metodach uprawy ziemi. Oszacowane parametry regresji wielokrotnej wykazały, że wielkość gospodarstwa rolnego, lata doświadczenia rolniczego i wysokość wykorzystanych kredytów były dodatnio istotne ($p<0,01$), z wyjątkiem czasu użytkowania gruntów, który był ujemny i istotny ($p<0,01$), również sposób uprawy był dodatnio istotny ($p<0,10$) dla produkcji roślinnej. Uzyskana wartość R2 wynosząca 71% wskazywała, że zmienne objaśniające wyjaśniały 71% zmienności uzyskanej w produkcji manioku wśród respondentów. Wyniki badań Tobita wykazały, że wielkość gospodarstwa i uprawy ciągłe są pozytywne, podczas gdy sposób uprawy i dochód brutto rolników są negatywne na poziomie ($p<0,05$), nawozy i pestycydy są istotne na poziomie ($p<0,01$), podczas gdy nawóz organiczny jest istotny na poziomie ($p<0,10$) do zrównoważonego zarządzania gruntami (SLM). Wynik Fuzzy Logic, który został wykorzystany do obliczenia złożonych wskaźników niezrównoważonego użytkowania gruntów (IULU), wykazał, że łączna wartość uzyskanych IULU wynosząca 0,2761 wykazała, że praktyki rolników w zakresie zarządzania gruntami na badanym obszarze są zasadniczo zrównoważone. Pokrycie pozostałości, erozja wodna lub wiatrowa, odłogowanie gruntów, zagęszczanie i ukorzenianie oraz stosowanie pestycydów mają najwyższy względny udział w wysokości 3,47%, 3,47%, 3,51%, 3,47% i 3.47% odpowiednio do wskaźników niezrównoważonego wykorzystania gruntów, podczas gdy intensywność wykorzystania łodyg, intensywność wykorzystania siły roboczej, intensywność wykorzystania gruntów, zysk z hektara, dynamika wzrostu upraw i wydajność pracy w najmniejszym stopniu przyczyniają się do niezrównoważonego rozwoju w badaniu, przy względnym wkładzie wynoszącym odpowiednio 1,7%, 1,8%, 2,3%, 2,3, 2,6% i 2,6%.

W badaniu stwierdzono, że istnieje istotny związek między doświadczeniem rolniczym, wielkością gospodarstwa, kredytami, sposobem uprawy i produkcją manioku. Intensywność wykorzystania łodyg Cassavy, intensywność wykorzystania siły roboczej, intensywność wykorzystania gruntów, zysk z hektara, dynamika wzrostu upraw i wydajność pracy były między innymi czynnikami przyczyniającymi się do zrównoważonego zarządzania gruntami. W badaniu zalecono m.in. zniechęcenie rolników do ciągłego użytkowania tej samej części ziemi przez długi okres czasu, zamiast stosowania systemu płodozmianu i poprawę poziomu wskaźników niezrównoważonego użytkowania ziemi.

# Spis treści

# ROZDZIAŁ 1

## WPROWADZENIE

### 1.1 Kontekst badania

Sektor rolny zawsze był ważnym elementem nigeryjskiej gospodarki. Sektor ten jest prawie w całości zdominowany przez drobnych, ubogich w zasoby rolników mieszkających na obszarach wiejskich, posiadających gospodarstwa o powierzchni 1-2 ha, które są zazwyczaj rozproszone na dużym obszarze (Ojo *i in.*, 2009). Rozmieszczenie tych gospodarstw zostało określone w poprzednich badaniach i potwierdzone w literaturze jako gospodarstwa małe, o powierzchni od 0,10 do 4,99 ha, gospodarstwa średnie, o powierzchni od 5,0 do 9,99 ha i duże, o powierzchni od 10 ha i większej (Olayide *i in.*, 1980, Oksana, 2005, Antman i Mckenzie, 2005, Dorward *i in.*, 2005). Gospodarstwa rolne w Nigerii podzielone są na trzy kategorie, a mianowicie gospodarstwa małorolne stanowiące 81 procent (0,1-4,99 ha), średnie - 14 procent (5,00-9,99 ha) i duże - 5 procent (10 i więcej hektarów) (Okunade i Williams, 2014). Według norm międzynarodowych, zgodnie z którymi wszystkie gospodarstwa o powierzchni mniejszej niż 10,00 ha są klasyfikowane jako małe, w związku z tym 95 procent wszystkich gospodarstw rolnych w Nigerii w 2014 r. musi być klasyfikowanych jako gospodarstwa małe, a pozostałe 5 procent jako gospodarstwa duże. Pokazuje to, że większość upraw w Nigerii jest wytwarzana przez drobnych rolników, którzy w większości są rolnikami ubogimi w zasoby. Od 1980 r. do chwili obecnej rządy na różnych szczeblach podejmowały różne wysiłki w celu zapewnienia zwiększonej produkcji produktów rolnych, wysiłki te obejmowały ustanowienie dorzecza, duże prace irygacyjne, rozwój infrastruktury wiejskiej, nowoczesne odmiany nasion, agrochemikalia i inne środki produkcji rolnej (Okunade i Williams, 2014 r.). Nigeria jest w przeważającej mierze krajem rolniczym, który w dużej mierze zależy od drobnych rolników stosujących tradycyjne metody uprawy. Produkcja głównych towarów rolnych w Nigerii wzrosła z 130.574.500 mln ton metrycznych w 2006 r. do 139.315.100 mln ton metrycznych w 2007 r., co oznacza wzrost o 8.740.600 mln ton, czyli o 6,7%. Wolumen produkcji na lata 2010, 2011 i 2012 nie był aprecjacyjny; w 2010 roku sektor wyprodukował największą ilość produkcji - 167 795 600 mln ton metrycznych.

W 2011 r. produkcja zmniejszyła się jednak do 143 273 300 mln ton metrycznych, co dało ujemną lukę 24 522 300 mln ton metrycznych, czyli spadek o 14,61%. Całkowita produkcja wzrosła gwałtownie w 2012 r. o 12 585 900 mln ton metrycznych w porównaniu z 2011 r. (FAOSTAT, 2013), wielkość produkcji towarowej jest niespójna, nawet jeśli wzrosła nieznacznie, a to pokazało słabe wyniki sektora rolnego. Doprowadziło to również do zmniejszenia podaży żywności na mieszkańca, zwiększenia krajowego popytu na żywność i luki podażowej, a w konsekwencji do wzrostu rachunków za import żywności na przestrzeni lat (FAO, 2013). Istnieje pilna potrzeba zwiększenia podaży żywności w celu zmniejszenia luki w podaży i popycie na żywność. Poważnym problemem rolnictwa tropikalnego jest nieodłącznie niski stan żyzności większości gleb z uwagi na dominujące minerały ilaste o niskiej aktywności (Feller, 1993; Obatolu i Agboola, 1993). Ponadto degradacja gleby spowodowana pustynnieniem, wylesianiem, erozją gleby, tradycyjnymi systemami upraw, ciągłymi uprawami, nadmiernym wypasem, ciężką mechanizacją i innymi rodzajami działalności rolniczej i pozarolniczej znacznie osłabia potencjał substancji pochodzących z delikatnych gleb Nigerii, które z natury są płytkie i mało żyzne (Lal, 1987; Lal, 1988; Kang, 1993). Dlatego też odpowiednie praktyki gospodarowania glebą dla poszczególnych upraw, gleb i stref agroekologicznych, mające na celu utrzymanie wysokich plonów upraw i zapobieganie degradacji gleby, są jednym z kluczowych czynników w rozwoju zrównoważonych systemów rolniczych (Opara-Nadi, 1993). Zrównoważone rolnictwo zostało różnie zdefiniowane przez różnych autorów (Idachaba, 1987; Young, 1989; Keaney, 1989; Okigbo, 1991; Spencer i Swift, 1992). Jednakże FAO (1989) zdefiniowała zrównoważone rolnictwo jako takie, które obejmuje skuteczne zarządzanie zasobami rolnymi w celu zaspokojenia potrzeb ludzkich, przy jednoczesnym zachowaniu lub poprawie jakości środowiska naturalnego i ochronie zasobów naturalnych.

Grunty są ważnym czynnikiem produkcji w całym sektorze rolnym. Ziemia pełni funkcję zabezpieczenia społecznego dla większości Nigeryjczyków, ponieważ po wszystkim innym nie udało im się wrócić do swoich wiosek, aby postawić na części rodzinnej ziemi i uprawiać na niej na własne utrzymanie (Fabiyi, 1990). Określa on również poziom wydajności produkcji rolnej. Z dostępnych informacji wynika, że na przykład w południowej Nigerii odnotowano stały spadek plonów z hektara głównych upraw żywności w latach 1995-2000 (Agbonlahor, 2003). Grunty borykają się z wieloma problemami środowiskowymi, w szczególności wynikającymi z działalności człowieka; na przykład niszczenie gruntów poprzez praktyki rolnicze niedostosowane do klimatu, nachylenia i gleby, wymieranie zwierząt i gatunków roślin poprzez polowania, rybołówstwo i naruszanie siedlisk, zapobieganie regeneracji lasów poprzez nieplanowane praktyki wylesiania oraz poprzez okresowe wypalanie, spoliowanie walorów krajobrazowych i innych walorów estetycznych poprzez górnictwo odkrywkowe, budowę dróg i inne praktyki gospodarowania gruntami rolnymi.

Wspólną filozofią praktyków zrównoważonego rolnictwa jest to, że "zdrowa" gleba jest kluczowym składnikiem zrównoważonego rozwoju; to znaczy, że zdrowa gleba będzie produkować zdrowe rośliny uprawne, które mają optymalną siłę przebicia i są mniej podatne na szkodniki. Zrównoważeni rolnicy maksymalizują zależność od naturalnych, odnawialnych źródeł energii i środków produkcji. Równie ważne są skutki środowiskowe, społeczne i gospodarcze danej strategii.

Przejście na zrównoważone praktyki nie oznacza prostego zastąpienia środków produkcji, ale często oznacza zastąpienie konwencjonalnych środków produkcji, które są szkodliwe dla środowiska w gospodarstwach rolnych i w społecznościach wiejskich, ulepszonym zarządzaniem i wiedzą naukową. Zrównoważone podejście to takie, które jest najmniej toksyczne i najmniej energochłonne, a jednocześnie zachowuje wydajność i rentowność (Freenstra, 1997).

Zrównoważone zarządzanie gruntami (SLM) zostało zdefiniowane jako przyjęcie odpowiednich praktyk zarządzania gruntami, które umożliwiają użytkownikom ziemi maksymalizację korzyści ekonomicznych i społecznych z ziemi przy jednoczesnym utrzymaniu lub wzmocnieniu funkcji wsparcia ekologicznego zasobów ziemi (FAO, 2009). Zrównoważone zarządzanie gruntami (SLM) definiuje się również jako procedurę opartą na wiedzy, która pomaga zintegrować zarządzanie gruntami, wodą, różnorodnością biologiczną i środowiskiem (w tym zewnętrznymi czynnikami wejściowymi i wyjściowymi) w celu zaspokojenia rosnącego zapotrzebowania na żywność i włókna przy jednoczesnym utrzymaniu usług ekosystemowych i źródeł utrzymania. SLM jest niezbędny, aby sprostać wymaganiom rosnącej populacji; niewłaściwe zarządzanie gruntami może prowadzić do ich degradacji i znacznego ograniczenia funkcji produkcyjnych i usługowych. Z punktu widzenia laika, SLM obejmuje, zachowanie i wzmocnienie zdolności produkcyjnych gruntów na obszarach uprawnych i pastwisk, takich jak obszary wyżynne, obszary na zboczach oraz grunty płaskie i przydenne, utrzymanie produktywnych obszarów leśnych oraz potencjalnie komercyjnych i niekomercyjnych rezerwatów leśnych; oraz utrzymanie integralności działu wodnego na potrzeby zaopatrzenia w wodę i wytwarzania energii wodnej oraz stref ochrony wód, a także zdolności do zaspokajania potrzeb gospodarstw rolnych i innej działalności produkcyjnej, (Bank Światowy, 2006). Działania mające na celu zatrzymanie i odwrócenie degradacji lub przynajmniej złagodzenie niekorzystnych skutków wcześniejszego niewłaściwego wykorzystania, które ma coraz większe znaczenie w górach i zagłębiach wodnych, zwłaszcza tych, w których presja ze strony mieszkańców jest poważna i gdzie destrukcyjne skutki degradacji górskiej są odczuwalne na obszarach o dużo większej gęstości zaludnienia "w dole rzeki".

Nigeryjscy rolnicy rozpoczęli różne rodzaje działalności rolniczej na poziomie gospodarstwa w celu utrzymania gruntów rolnych przez długi czas, takie działania rolnicze obejmują stosowanie nawozów, dodawanie nawozu organicznego, ściółkowanie, odłogowanie gruntów, pestycydy, herbicydy, wigor wzrostu roślin itd. i są znane jako wskaźnik gospodarstwa. Wskaźniki na różnych poziomach systemu związane z oddziaływaniem na środowisko obejmują te mierzące praktyki produkcyjne rolników (wymagające wskaźników opartych na środkach takich jak zużycie wody lub azotu) oraz emisje i odpady uwalniane do środowiska (wymagające wskaźników opartych na efektach)

(Aimee *et al.*, 2009). Dlatego też istnieją różne definicje tego, czym jest dany wskaźnik i różne sposoby rozumienia jego podstawowych ról. Gallopın (1997) bada szeroki zakres literatury i donosi, że w różnych źródłach wskaźnik środowiskowy został zidentyfikowany jako ""zmienna...parametr...miara...miara statystyczna...wskaźnik zastępczy...wartość...metr lub przyrząd pomiarowy...ułamek...wskaźnik...coś...kawałek informacji...pojedyncza ilość...model empiryczny...znak". Moxey twierdzi, że nie ma powszechnej zgody co do opracowania i stosowania tego, co nazywa wskaźnikami agrośrodowiskowymi, ponieważ "wskaźniki agrośrodowiskowe muszą uwzględniać interakcje czynników społeczno-gospodarczych i środowiskowych". W konsekwencji, debata jest nieuchronnie skomplikowana" (Moxey, 1998). Glenn i Pannell (1998) twierdzą, że "wskaźnik jest miarą ilościową, na podstawie której można ocenić niektóre aspekty wyników polityki lub strategii zarządzania". Ta przypisywana przez wielu autorów rola kwantyfikacji nie jest jednak powszechnie akceptowana, ponieważ niektórzy uważają wskaźniki jakościowe (np. wizualną ocenę erozji gleby) za ważne narzędzia. Proste rozumienie wskaźnika jest jako przybliżenie lub miara czegoś, co nas interesuje, ale co jest trudne do dokładnego monitorowania (Dan *i in.*, 2001). Jednakże wskaźniki zrównoważonego zarządzania gruntami na poziomie gospodarstwa, określone przez rolników, mogą być wyrażone w formie tabelarycznej (tabela 1).

**Tabela 1: Wskaźniki zrównoważonego zarządzania gruntami określone przez producentów poprzez**

**odpowiedzi na kwestionariusze i wywiady pogłębione.**

| FILARY FESLM | Wskaźniki według systemu rolniczego | | |
|---|---|---|---|
| | Wysokie wejście | Umiarkowane wejście | Organiczny |
| **Produktywność** | - Tendencje w zakresie żyzności gleby<br>- Wydajność upraw<br>Odpowiedź<br>- Dostępność<br>Praca | - Tendencje w zakresie wydajności<br>- Przyjęcie nowych<br>Technologie<br>i techniki<br>- Dostępność i wydajność odmian upraw | - Długość rotacji<br>- Zarządzanie chwastami<br>- Dostępność i wydajność odmian upraw |
| **Bezpieczeństwo** | - Status ekonomiczny<br>- Tendencje w zakresie wydajności<br>- Trendy pogodowe | - Czas potrzebny do opanowania nowych technik<br>- Katastrofalne trendy pogodowe/pogodowe | - Potencjał zasobów ziemia<br>- Wilgotność gleby przy wysiewie<br>- Trendy pogodowe |
| **Ochrona** | - Ryzyko degradacji<br>- Zakres upraw<br>Okładka | - Tendencje w zakresie degradacji<br>- Długość rotacji<br>- Zasięg ugoru | - Tendencje w zakresie degradacji<br>- Tendencje w zakresie wydajności upraw |
| **Odpowiedzialność** | - Przepływy pieniężne/dochody<br>- Obecność zwierząt gospodarskich | - Przepływy pieniężne/dochody<br>- Programy rządowe<br>- Cele zarządzania | - Organiczne wymagania rynku<br>- Zakres wartości dodanej<br>- Dostępność siły roboczej |
| **Akceptowalność** | - Zdrowie osobiste i rodzinne<br>- Odpowiedzialność<br>Rolnictwo | - Dostępność usług<br>- Skutki poza gospodarstwem | - Świadomość społeczna w zakresie rolnictwa ekologicznego<br>- Zdolność do pracy w rolnictwie<br>- Poziom wiekowy społeczności |

Źródło: Gameda, 2000.

Gameda *et al.*, (2000), w swoim badaniu wykorzystującym ramy oceny zrównoważonego zarządzania gruntami (FESLM) w celu określenia środowiskowego, gospodarczego i społecznego zrównoważenia głównych systemów rolnych w regionie Prairie w Kanadzie Zachodniej, aby wykorzystać wspólne cechy strategii rolników, które sprawiają, że ich system produkcji jest zrównoważony. Takie podejście do identyfikacji cech zrównoważonego zarządzania gruntami (SLM) w różnych systemach rolniczych uznaje różne sposoby osiągnięcia zrównoważonego rozwoju w danym regionie. Cechy charakterystyczne każdego systemu zrównoważonej gospodarki rolnej mogą służyć jako wskaźniki SLM. Ponadto mogą one być destylowane do wykorzystania jako wskazówki dla innych producentów, którzy chcą osiągnąć zrównoważony rozwój w swoich praktykach rolniczych.

Płeć jest terminem używanym dla społecznie zdefiniowanych ról mężczyzn i kobiet; Płeć jest systemem władzy nad pewnymi możliwościami ludzkiego ciała. Systemy płci przeplatają się ze strukturą społeczną, normami, przekonaniami i praktykami, które są w dużej mierze zdominowane przez mężczyzn (FOS 1996). Adepoju (1994) twierdzi, że typowa afrykańska kobieta jest prawdopodobnie najbardziej uprzywilejowana, niepiśmienna, z nieograniczonym dostępem do zasobów. Zetknęła się nie tylko z dyskryminacją i segregacją, zarówno na zorganizowanym rynku pracy, jak i w sektorze nieformalnym, ale także ma inne prawa w zakresie dziedziczenia i kredytu gruntowego.

Chociaż w rzeczywistości nigeryjska konstytucja gwarantuje równość szans zarówno kobietom, jak i mężczyznom, to jednak tak nie jest. Kobiety mają ograniczony dostęp do zasobów i są zamknięte w stosunkowo mało wydajnej pracy (Bank Światowy, 2002). Oprócz wykonywania prac domowych i wychowawczych, kobiety pracują dłużej na niskopłatnych pracach niż większość mężczyzn. Zarówno mężczyźni, jak i kobiety podlegają dochodom i ich podziałowi, wymiar na poziomie mikro dotyczy mężczyzn i kobiet w różny sposób. Znaczenie kobiet zostało jednak uznane na całym świecie. Ogundele i Yusuf (2004) twierdzą, że rolniczki są wysoce dyskryminowane przy wykorzystywaniu krytycznych czynników produkcji, takich jak ziemia, praca rodzinna i nawozy, ale są faworyzowane przy stosowaniu środków agrochemicznych i nasion. Oprócz nierówności w dostępie do zatrudnienia, uprzedzenia związane z płcią w dostępie do technologii mogą ograniczać zdolność kobiet do zwiększania wydajności ich gospodarstw rolnych lub działalności gospodarczej, a to ogranicza wzrost gospodarczy (King and Manson, 2004). Saito (1994) pokazuje, że kobiety rolnicy w Afryce rzeczywiście cierpią z powodu braku dostępu do nowoczesnych technologii i środków produkcji, co obniża ich wydajność.

Cassava (*Manihot esculenta crantz*) uprawiana jest w wielu tropikalnych krajach Afryki, Azji i Ameryki Łacińskiej. Nadwyżka produkcji produktów z manioku wejdzie do międzynarodowego handlu w różnych formach, takich jak chipsy, połamane suche korzenie, mączka, mąka i skrobia z tapioki itp. Suszone korzenie i mączka z manioku stosowane są jako surowce do sporządzania mieszanek paszowych dla zwierząt, natomiast skrobia maniokowa wykorzystywana jest do celów przemysłowych; tapioka spożywcza wykorzystywana jest wyłącznie do spożycia przez ludzi. Cassava została wprowadzona do Afryki Środkowej z Ameryki Południowej w XVI wieku przez pierwszych portugalskich eksporterów (Ohadike, 2007). Prawdopodobnie to właśnie ubezwłasnowolnieni niewolnicy wprowadzili uprawy manioku do południowej Nigerii, wracając do kraju z Ameryki Południowej przez wyspę Sao Tome i Fernanda Po, w tym czasie u wybrzeży Nigerii znajdowały się kolonie portugalskie. Cassava zyskała jednak na znaczeniu w kraju dopiero pod koniec XIX w., kiedy wprowadzono techniki obróbki, ponieważ wielu niewolników wróciło do domów. W Nigerii maniok jest uprawiany we wszystkich strefach ekologicznych; w zależności od dostępności wilgoci uprawy są sadzone przez cały rok. Szczytem okresu sadzenia jest od kwietnia do maja. System uprawy mieszanej jest najbardziej praktyczną metodą produkcji kasawy. Cassava jest ważna nie jako roślina spożywcza, ale jeszcze bardziej jako główne źródło dochodu dla wiejskich gospodarstw domowych. Światową produkcję korzenia manioku oszacowano na 184 miliony ton w 2002 roku. Większość produkcji znajduje się w Afryce, gdzie w Azji uprawiano 99,1 mln ton 51,5 mln ton, a w Ameryce Łacińskiej i na Karaibach 33,2 mln ton (FAO, 2005). Na tej podstawie, w 2005 roku, rząd federalny Nigerii ogłosił ustawę, która nakłada na piekarzy obowiązek stosowania do produkcji chleba złożonej mąki 10% Cassava i 90% pszenicy. Inicjatywa ta ma na celu wygenerowanie w 2007 r. około 5 mld USD jako dochodu z eksportu. Od tego czasu zapotrzebowanie na produkty z manioku na całym świecie wzrosło, co spowodowało, że uprawa rośnie, ale nie wystarcza do ograniczenia popytu, tym samym wywierając dużą presję na produkcję manioku. Według bazy danych Organizacji Narodów Zjednoczonych ds. Wyżywienia i Rolnictwa (FAOSTAT, 2012), Nigeria jest największym producentem tych roślin: 34 120 000; 45 721 000; 43 410 000; 44 582 000; 36 822 300; 42 533 200 i 52 403 500 mln ton odpowiednio w latach 2002, 2006, 2007, 2008, 2009, 2010 i 2011. Według Awoyinki (2009) około 90% z tego jest jednak spożywane jako żywność. Obecnie ponad 60% produkowanej manioksu spożywane jest przez gospodarstwa rolne, przemysł maniokowy i browary na miejscu, podczas gdy pozostałe 40% jest eksportowane do innych krajów, takich jak Chiny (Okunade i Williams, 2014).

## 1.2 Oświadczenie o problemie

Tradycyjnie, z biegiem czasu, rolnicy opracowali różne praktyki w zakresie ochrony gleby i zarządzania gruntami. Dzięki tym praktykom rolnicy byli w stanie utrzymać swoją produkcję przez wieki, dzięki czemu zdecydowane efekty eksploatacji zasobów stały się powszechne, rośnie świadomość, że grunty produkcyjne stają się coraz rzadsze, zasoby ziemi nie są nieograniczone, a grunty już użytkowane wymagają większej opieki. W wyniku wzrostu liczby ludności na świecie, inne rodzaje działalności nierolniczej wymagają powierzchni ziemi, stąd też następuje stopniowa utrata ziemi pod produkcję żywności. Jednocześnie rośnie popyt na żywność i inne produkty rolne, co wymaga większej ilości ziemi, która nie jest dostępna, ponieważ powierzchnia ziemi jest ograniczona (Ogunkunle, 2004).

Konsekwencje są wielorakie, skrajna presja na ziemię wpłynie na praktyki zarządzania przez rolników, a to w konsekwencji doprowadzi do skrócenia okresów odłogowania naszych tradycyjnych przeniesień upraw z nawet 10-15 lat do mniej niż 3 lat, co może uchwycić zakres degradacji, jakiej mogła ulec ziemia. Grunty marginalne, takie jak zbocza i gleby żwirowe, które w normalnych warunkach powinny być pozostawione pod przykryciem, są obecnie narażone poprzez działalność rolniczą, w wilgotnym i pod-wilgotnym klimacie tropikalnym, tradycyjny system gospodarki rolnej, który przesuwa uprawy, był odpowiedni wiele lat temu, jeśli chodzi o ochronę gleby ze względu na niską liczbę ludności, dlatego też do uzyskania przez rolnictwo równowagi w produkcji żywności potrzebne były małe kawałki ziemi, ale obecnie liczba ludności rośnie z dnia na dzień, co wymaga zrównoważonych praktyk gospodarowania gruntami w innych obszarach w celu zwiększenia wydajności upraw. Kwestia zarządzania nie może być traktowana jako oczywistość, biorąc pod uwagę, że zasoby te stanowią bazę produkcyjną dla nigeryjskiego rolnictwa, od której zależą środki utrzymania wielu wiejskich i miejskich gospodarstw domowych (Oyekale, 2012). Ponadto słabe zachęty do ochrony zasobów naturalnych, wśród innych problemów społeczno-gospodarczych, narażają glebę na poważną eksploatację i wyczerpywanie składników odżywczych. JednakÏe badania prowadzone przez róÏnych autorów, takich jak Ikechukwu *i in.*, (2013), Oladeebo *i in.*, (2013), Adedokun i Ogunyemi (2013), Amao i in., (2013) oraz Akinola *i in.*, (2015) dotyczące zarządzania gruntami, ochrony gleb, degradacji i ĞwiadomoĞci, zrównowaÏonych praktyk rolniczych nie badaáy kwestii wskaźników poziomu gospodarstw rolnych, co powoduje koniecznoĞü przeprowadzenia tego badania.

Zmniejszająca się ogólnoświatowa dostępność terenów produkcyjnych jest tak duża, że ciągła degradacja tych terenów stanowi wyraźne zagrożenie dla przetrwania rasy ludzkiej. Dlatego też Komitet ds. Światowego Bezpieczeństwa Żywności w 1994 r. wezwał do nowej rewolucji rolnej opartej na produkcji, zrównoważonym rozwoju i sprawiedliwości społecznej (FAO, 1994). Rodzi to pytania badawcze, czy siły napędzające lepsze praktyki zarządzania są w pełni zrozumiałe, czy też nie:
Jakie są cechy społeczno-ekonomiczne rolników na tym obszarze?
Jakie są te czynniki specyficzne dla danego gospodarstwa i społeczno-gospodarcze, które wpływają na produkcję manioku?
Jakie są determinanty zrównoważonego zarządzania gruntami praktykowane przez rolników?
Jakie są wskaźniki poziomu gospodarstw rolnych, które są odpowiedzialne za zrównoważony rozwój swoich gruntów?
Jaki jest wkład wskaźników zrównoważonego zarządzania gruntami w użytkowanie gruntów przez rolników?
Czy doprowadzą one do znacznej poprawy zarządzania gruntami i wydajności upraw. Są to niektóre z istotnych pytań, którymi należy się zająć w niniejszym opracowaniu. Chociaż różni badacze przeprowadzili na terenie całego kraju różne badania na temat gruntów i manioksu, to wkład

wskaźników zrównoważonego zarządzania gruntami nie został jeszcze osiągnięty, dlatego też badanie to stanowi próbę wypełnienia luki w wiedzy, a jednocześnie opiera się na wspólnych cechach strategii rolników, które sprawiają, że ich system produkcji jest zrównoważony, prowadząc do zwiększenia produkcji roślinnej.

## 1.3 Cele badania

Ogólnym celem tego badania jest zbadanie czynników warunkujących zrównoważone zarządzanie gruntami wśród drobnych rolników uprawiających maniok kasawę w stanie Oyo.

Cele szczegółowe są następujące:

i. zbadać cechy społeczno-ekonomiczne rolników w badaniu
ii. określić czynniki specyficzne dla danego gospodarstwa i społeczno-gospodarcze, które mają wpływ na produkcję manioku
iii. analizować czynniki warunkujące zrównoważone gospodarowanie gruntami praktykowane przez rolników
iv. skonstruować dla tego badania wskaźnik zrównoważonego użytkowania gruntów.
v. przeanalizować wkład wskaźników zrównoważonego zarządzania gruntami w użytkowanie gruntów przez rolników.

## 1.4 Hipoteza

**Hipoteza zerowa (Ho):**

- Czynniki społeczno-ekonomiczne i specyficzne dla danego gospodarstwa nie determinują w istotny sposób poziomu plonów uzyskiwanych przez rolników na badanym obszarze.

## 1.5 Uzasadnienie badania

Od 1980 r. do chwili obecnej rządy na różnych szczeblach podejmowały różne wysiłki w celu zapewnienia zwiększonej produkcji produktów rolnych (Okunada, 2014 r.). Wysiłki te obejmują prace irygacyjne, nowoczesne odmiany materiału siewnego, agrochemikalia, ustanowienie dorzecza, program transformacji rolnej i inne środki produkcji rolnej w celu zwiększenia produkcji rolnej z wynikającym z tego zrównoważonym systemem rolnym. Aby zwiększyć bezpieczeństwo żywnościowe nigeryjskich rolników i wykorzystać wiedzę lokalnych rolników, należy zlikwidować luki w danych i informacjach. Ze względu na fakt, że praktyki rolnicze zmieniają bazę zasobów środowiska, ważne jest określenie wskaźników zrównoważonego zarządzania gruntami (SLM) na poziomie gospodarstwa, to właśnie z tych powodów badane są wskaźniki na poziomie gospodarstwa. Przystępując do Woodfine, (2009) niektóre zmiany są na lepsze (np. rolnictwo ekologiczne), ale wiele z nich jest szkodliwych i może zagrozić przyszłej działalności rolniczej. Zmiany w środowisku wiejskim i miejskim spowodowane różnymi rodzajami działalności człowieka, nie tylko rolnictwem, są coraz bardziej odczuwalne, co zwiększa postrzeganie kosztów środowiskowych tych działań. Na przykład w miastach ludzie doświadczają złej jakości powietrza; niektóre rzeki i plaże nie nadają się już do użytku rekreacyjnego; a cenne obszary naturalne zostały utracone na rzecz rozwoju podmiejskiego i przemysłowego.

Rolnicy i mieszkańcy wsi są świadkami utraty gleby na skutek erozji wodnej i wiatrowej; są świadomi obszarów, które nie mogą już być uprawiane ze względu na spadek plonów i pastwisk oraz rozwój mułów na obszarach zdegradowanych. Obserwacja pogarszania się stanu środowiska na obszarach rolniczych nie jest zjawiskiem obserwowanym od niedawna; ziemia i woda są "wskaźnikami" degradacji spowodowanej zmianami procesów środowiskowych wynikających z działalności człowieka, które mogą być spowodowane wprowadzeniem nowych procesów (np. dodaniem pestycydów do gleby) lub w wyniku działań rolniczych, takich jak odłogowanie krzewów, płodozmian, uprawa roli, stosowanie nawozów i innych praktyk rolniczych, co z kolei może prowadzić do niskiej wydajności wśród rolników uprawiających maniok. Wskaźniki wizualne, takie jak skorupowanie powierzchni gleby, erozja ścianek i wpustów oraz zmętnienie strumienia i rzeki, ostrzegły nas o problemach (Keshavarzi *i in.,* 2009). Dlatego też od dłuższego czasu stosujemy wskaźniki środowiskowe w rolnictwie i ta koncepcja nie jest niczym nowym. Ostatnio jednak w większym stopniu uznaje się rolę, jaką wskaźniki zmian środowiskowych mogą odgrywać w ocenie i monitorowaniu wpływu użytkowania gruntów na zasoby naturalne. Badanie to ma istotne znaczenie, ponieważ określenie skutecznych czynników warunkujących praktyki zarządzania gruntami będzie stanowić źródło informacji dla decydentów i stanowić wskazówki dla polityki w zakresie skutecznych praktyk poprawy bezpieczeństwa żywnościowego. Jeśli chodzi o pracowników naukowych, wiedza na temat czynników, które decydują o podejmowaniu przez rolników decyzji o stosowaniu niektórych praktyk zarządzania gruntami, może zwiększyć ich zdolność do przyjmowania środków interwencyjnych w zakresie zrównoważonego zarządzania gruntami w celu poprawy sytuacji w zakresie bezpieczeństwa żywnościowego lokalnych rolników i ludności w stanie Oyo i ogólnie w Nigerii.

## 1.6 Zakres badań

Zakres badania jest ograniczony do stanu Oyo. Głównym celem jest zbadanie czynników warunkujących zrównoważone zarządzanie gruntami wśród drobnych rolników uprawiających maniok kasawę w stanie Oyo. W związku z tym konieczne jest niezależne zbadanie czynników warunkujących zrównoważone gospodarowanie gruntami przez rolników oraz ich wkładu w praktyki gospodarowania gruntami w różnych strefach rolniczych.

# ROZDZIAŁ II

## PRZEGLĄD LITERATURY

### 2.1 Grunty

Grunty są podstawą produkcji żywności, zapewnienia schronienia i mediów, produkcji towarów i instytucji wspierających podstawowe potrzeby administracyjne nowoczesnych społeczności, (Fabiyi, 1990). Grunty jako czynnik produkcji i jako zasoby naturalne są decydującym czynnikiem produkcji rolnej. Krytyczność ta jest narzucona przez jego dostępność, dostępność, jakość i ilość. W rolnictwie Nigerii czynnik jakości jest głównym czynnikiem determinującym produktywność ziemi, co wynika z problemu związanego z pozyskiwaniem sztucznych zmian, które mogą poprawić produktywność ziemi. Zrozumienie interakcji między wykorzystaniem i zarządzaniem jakością ziemi, a także postawy wobec zarządzania jest zatem kluczowym wskaźnikiem trwałości zasobów. Cel dobrego zarządzania, który jest uzależniony od odpowiedniej wiedzy i właściwego podejścia, jest zatem warunkiem sine qua non zrównoważonego użytkowania gruntów (Fakoya *i in.,* 2007). Zrównoważony rozwój opiera się na zasadzie, że musimy zaspokajać potrzeby teraźniejszości bez uszczerbku dla zdolności przyszłych pokoleń do zaspokajania własnych potrzeb.

### 2.2 Funkcjonowanie gruntów i konflikty między użytkowaniem gruntów

Oprócz głównej funkcji, jaką pełni w produkcji rolnej i leśnej, ziemia ma wiele innych celów, w tym następujące:

- Stanowi ona podstawę wielu systemów podtrzymywania życia, poprzez produkcję biomasy, która dostarcza żywność, paszę, włókna, paliwo, drewno i inne materiały biotyczne do wykorzystania przez ludzi, bezpośrednio lub poprzez hodowlę zwierząt, w tym akwakulturę oraz rybołówstwo śródlądowe i przybrzeżne (funkcja produkcyjna);
- Grunty stanowią podstawę różnorodności biologicznej na lądzie poprzez zapewnienie biologicznych siedlisk i rezerw genowych dla roślin, zwierząt i mikroorganizmów, na powierzchni i pod powierzchnią ziemi (biotyczna funkcja środowiskowa);
- Grunty i ich użytkowanie są źródłem i pochłaniaczem gazów cieplarnianych oraz współdecydują o globalnym bilansie energetycznym, odbiciu, absorpcji i transformacji energii radioaktywnej Słońca oraz o globalnym cyklu hydrologicznym (klimatycznej funkcji regulacyjnej);

- Grunty regulują składowanie i przepływ zasobów wód powierzchniowych i gruntowych oraz wpływają na ich jakość (funkcja hydrologiczna);
- Grunty są magazynami surowców i minerałów do wykorzystania przez ludzi (funkcja magazynowania);
- Grunty pełnią funkcję chłonną, filtrującą, buforową i przekształcającą związków niebezpiecznych (funkcja kontroli odpadów i zanieczyszczeń);
- Grunty stanowią fizyczną podstawę dla osiedli ludzkich, zakładów przemysłowych i działalności społecznej, takiej jak sport i rekreacja (funkcja przestrzeni życiowej);
- Grunty są środkiem przechowywania i ochrony dowodów historii kultury ludzkości oraz źródłem informacji o dawnych warunkach klimatycznych i dawnym użytkowaniu gruntów (funkcja archiwum lub dziedzictwa); oraz
- Grunty zapewniają przestrzeń dla transportu ludzi, nakładów i produkcji oraz dla przemieszczania się roślin i zwierząt pomiędzy dyskretnymi obszarami naturalnych ekosystemów (funkcja przestrzeni łączącej). (FAO, 1995)

Przydatność terenu do tych funkcji jest bardzo zróżnicowana. Jednostki krajobrazu, jako jednostki zasobów naturalnych, mają własną dynamikę, ale wpływy ludzkie w dużym stopniu wpływają na tę dynamikę w przestrzeni i czasie. Jakość gruntu pod jedną lub więcej funkcji może zostać poprawiona, ale częściej zdegradowano go w wyniku działań człowieka. Tempo degradacji gleby może utrzymywać się na stałym poziomie lub nawet wzrosnąć w warunkach jakiejkolwiek globalnej zmiany klimatycznej spowodowanej przez człowieka.

### 2.3 Prawo własności gruntów i zrównoważone użytkowanie

Według Banku Światowego (2003) dyskutowano, że w rzeczywistym świecie istnieje wiele rzeczywistych lub potencjalnych konfliktów dotyczących ziemi. Wyjaśnienie i zabezpieczenie praw do ziemi mają zasadnicze znaczenie dla powodzenia międzypoziomowego podejścia do planowania i zarządzania zasobami ziemi. Uregulowanie tych praw zmniejsza konflikty między zainteresowanymi stronami; zwiększa zaufanie wymagane do praktyk zrównoważonego użytkowania gruntów; określa odpowiednie obowiązki i stanowi podstawę sprawiedliwego i przyjaznego dla środowiska przydziału zachęt lub podatków. Niewłaściwa polityka gruntowa stanowi poważne ograniczenie dla rozwoju gospodarczego i społecznego. Niepewne prawo własności gruntów i dysfunkcyjne instytucje gruntowe zniechęcają jednak do inwestycji prywatnych, a ogólny wzrost gospodarczy, nierówny podział własności gruntów i dyskryminacja ze względu na płeć lub pochodzenie etniczne ograniczają możliwości gospodarcze grup znajdujących się w niekorzystnej sytuacji i stwarzają żyzne warunki dla konfliktów społecznych, które często wybuchają przemocą, Zdecydowana większość obszaru gruntów w Afryce jest użytkowana w ramach zwyczajowych systemów własności, które do niedawna nie były nawet uznawane przez państwo, a zatem pozostawały poza sferą prawa w celu włączenia większej ilości gruntów w ramach formalnego prawa własności, a zatem w ramach rządów prawa, wiele krajów afrykańskich posiada prawne uznanie zarówno zwyczajowego prawa własności, jak i instytucji, która nim zarządza (Bank Światowy, 2003). Jednak wdrożenie tych przepisów pozostaje poważnym wyzwaniem. Most African governments, however, recognise that secure land rights and access are critical for peace, stability, economic growth and sustainable resource use, many of the challenges arising from land reform in Africa stem from the plurality of systems of authority related to land (customary land tenure versus modern land laws), a number of African countries face particular challenges to tenure reform given past seizure and settlement of the best land during the colonial period. W przeszłości zapoczątkowano reformy rolne w celu spełnienia warunków związanych z dostosowaniem strukturalnym lub w wyniku wprowadzenia pakietów szerszych reform pod kierownictwem donatorów. Obecna generacja reform polityki gruntowej wynika z ogólnego niepowodzenia wcześniejszych podejść do reformy gruntowej, w których dominowały modele wolnorynkowe, kładące nacisk na zamianę zwyczajowych praw własności na zindywidualizowane prawa własności, lub alternatywnie, egalitarne modele socjalistyczne. Badania przeprowadzone przez ETO (2004) wskazują, że niektóre reformy gruntowe odeszły od "modeli wolnorynkowych" i obecnie uznają, że zwyczajowe prawo własności może często zapewniać bezpieczeństwo własności. Prawa do ziemi przysługujące kobietom są szczególnie wrażliwe, a oprócz sprawiedliwej polityki i prawa, potrzebne są praktyczne środki promowania integracji płci na wszystkich szczeblach, rosnąca liczba zachorowań na HIV/AIDS sprawia, że kobiety są jeszcze bardziej narażone na wywłaszczenie Skutki tych powiązanych ze sobą wyzwań dla bezpieczeństwa dostępu kobiet do ziemi stają się coraz poważniejsze w kontekście rosnącego zapotrzebowania na ziemię i napięć wynikających z rywalizacji o ten cenny zasób. A significant number of studies and research work have demonstrated that land tenure has strong linkages to development goals such as poverty reduction and economic growth; increasing agricultural productivity; promoting private sector investments especially through private ownership of assets such as land; attracting direct foreign investment; ensuring environmental sustainability; achieving social security and promoting gender equity with regards access to land; reconciling conflicting claims to land; and strengthening institutional development despite being central to peaceful development, economic growth and sustainable resource use, land issues have often not received the attention they deserve in most African countries development strategies. Rząd niechętnie wdrażał pełnowymiarową reformę gruntową i programy reformy własności gruntów, głównie ze względu na postrzegane ryzyko polityczne. Kraje afrykańskie muszą przyjąć innowacyjną politykę w zakresie własności gruntów, która może zapewnić zadowalającą równowagę między potrzebą zapewnienia ochrony tradycyjnym drobnym producentom rolnym a afrykańskim rolnictwem komercyjnym, jak również promować zwiększony legalny dostęp kobiet, młodych rolników i innych słabszych grup do gruntów rolnych i innych zasobów naturalnych, In the framework of the New Partnership for Africa's Development (NEPAD) there is a critical need to address long-term enabling factors for the effective implementation of land reform and land management issues among the list of actions required to achieve success in agricultural development under NEPAD, the comprehensive Africa agricultural development (CAADP) document cites improving the security of land tenure for traditional and modern farming by introducing appropriate land reform.

## 2.4 Wskaźniki zrównoważonego rozwoju

Według (FAO, 1995), wskaźniki zrównoważonego rozwoju mogą być różnego rodzaju; Wskaźniki fizjobiotyczne lub społeczno-ekonomiczne, w zależności od rodzaju użytkowania lub nieużytkowania gruntów, i analogicznie do wykazu jakości gruntów, wskaźniki fizjobiotyczne mogą być głównie związane z pokryciem terenu (stałość naturalnej struktury roślinności lub jej różnorodności biologicznej), związane z powierzchnią terenu (brak erozji wodnej lub wiatrowej, stałość spływu), Jakość gleby (brak zasolenia, zakwaszenia, zagęszczenia lub utraty aktywności biologicznej gleby) i podłoża (brak wyrębu lub zanieczyszczenia wody spowodowanego przez człowieka, stałość głębokości i jakości wód gruntowych) wśród wskaźników zrównoważonego rozwoju społeczno-gospodarczego można wykorzystać migracje wiejsko-miejskie, możliwości pracy na wsi dla wszystkich grup wiekowych pracujących; stałość lub wzrost frekwencji w szkole podstawowej; utrzymanie samowystarczalności żywieniowej i zrównoważonej diety; stabilne struktury stada na obszarach wypasu; brak lub spadek występowania niezdrowych warunków w grupach ludności wiejskiej; harmonijne relacje między różnymi użytkownikami gruntów; lub po prostu stałość lub wzrost per caput z gruntów zarejestrowanych w statystykach rolnych na wieś; powiat, prowincję lub kraj (poprzez to może maskować niezrównoważenie w części danego obszaru). Poza modelem zaludnienia, rozwoju środowiska i rolnictwa (PEDA), w ostatnim czasie przeprowadzono prace merytoryczne w zakresie wody mineralnej, energii i własności gruntów, które miały na celu symulację wpływu różnych polityk demograficznych, gospodarczych i społecznych na stan bezpieczeństwa żywnościowego w danym kraju, a które zostały opracowane na początku 2000 r. i przedstawione na poprzednich posiedzeniach CSD. Również Oyekale (2012) sklasyfikowało wskaźniki poziomu gospodarstw rolnych jak w tabeli 2.

**Tabela 2: Ramy oceny zrównoważonej gospodarki gruntami (FESLM)**

| Utrzymanie produkcji (wydajność) | Zmniejszenie ryzyka produkcji (bezpieczeństwo) | Ochrona potencjałów zasobów naturalnych (ochrona) | Ekonomicznie opłacalne (rentowność) | Akceptowalne społecznie (akceptowalność) |
|---|---|---|---|---|
| Stosowanie nawozu | Infiltracja drenażowa wody | Trendy pokryw wegetatywnych | Intensywność użytkowania gruntów | Rodzaj nasion |
| Dodawanie obornika organicznego | Pojemność zbiornika wodnego | Pokrycie resztek roślinnych | Intensywność wykorzystania siły roboczej | Stosowanie pestycydów |
| Wigor wzrostu upraw | Agregacja gleby | Erozja wiatrowa lub wodna | Wydajność upraw | Stosowanie herbicydów |
| | Poziom wody do nawadniania | Sadzenie roślin okrywowych | Zysk na hektar | Stosowanie trucizny chemicznej w rzekach |
| | Jakość wody do nawadniania | Mulczowanie gleby | Wydajność pracy | Zrzuty przemysłowe |
| | zasolenie | Odłogowanie ziemi<br>Życie glebowe dżdżownic<br>Pochylenie / wykonalność<br>Zagęszczanie i zakorzenienie<br>Zaufanie/ nagły przypadek<br>Zawartość materii organicznej | Intensywność wykorzystania materiału siewnego | |

(Oyekale, 2012)

## 2.5 Degradacja ziemi

Jednym z problemów stojących przed rozwojem rolnictwa, zwłaszcza w krajach rozwijających się, jest degradacja zasobów ziemi, która jest spowodowana szeregiem czynników. Scherr i Yadar (1996) zwrócili uwagę na niektóre możliwe przyczyny degradacji ziemi, które obejmują wylesianie, erozję wodną, glebową i wietrzną, wycinkę wody, zasolenie, usuwanie materiałów organicznych, spalanie krzewów i niewłaściwe wykorzystanie agrochemikaliów. Lal (1995) wymienił bezkrytyczne i intensywne użytkowanie gruntów na potrzeby sezonowej produkcji roślinnej, system produkcji oparty na zasobach z nie zakupionymi lub zakupionymi niskimi nakładami w celu uzupełnienia składników odżywczych zbieranych w uprawach i zwierzętach oraz z natury niską glebę i surowe środowisko jako inne przyczyny degradacji gruntów. Wpływ degradacji ziemi na produkcję żywności jest oczywisty. Degradacja ziemi wpływa na plon (wydajność) z danego terenu. Dostępne dowody wskazują, że degradacja ziemi poważnie osłabiła produkcję rolną na wielu kontynentach świata. Według globalnych szacunków Yadara i Scherra (1995) dotyczących spadku wydajności upraw spowodowanego degradacją terenów suchych, koszt ten wynosi od 13 do 28 miliardów dolarów rocznie. Badania przeprowadzone w niektórych krajach wykazały, że koszty degradacji ziemi są ogromne.

Obecnie praktyki użytkowania gruntów w wielu krajach rozwijających się prowadzą do degradacji gleby, wody i lasów, co ma znaczące konsekwencje dla sektorów rolnictwa, bazy zasobów naturalnych i równowagi ekologicznej w tych krajach. Degradacja gleby może być zdefiniowana jako utrata produktywności gleby poprzez jeden lub więcej procesów, takich jak zmniejszenie różnorodności biologicznej i aktywności biologicznej gleby, utrata struktury gleby, usunięcie gleby na skutek erozji wodnej i wiatrowej, zakwaszenie, zasolenie, pozyskiwanie wody, wydobywanie składników pokarmowych w glebie oraz zanieczyszczenie.

Blaikie i Brookfield (1987) zauważyły, że degradacja gleby i wody może być niezamierzona i niezauważalna; może ona wynikać z niedbałości lub z nieuniknionej walki wrażliwych populacji o przetrwanie. Degradacja gruntów jest zjawiskiem globalnym, które zagraża egzystencji rolników na obszarach wiejskich, ludności w ogóle, a także zdolności kraju do produkcji roślin, zwierząt gospodarskich i produktów z innych zasobów naturalnych. Presja populacyjna, różnice w dostępie do bardziej produktywnych gruntów i konflikty społeczne zmusiły rolników do uprawiania coraz bardziej stromych zboczy do produkcji żywności na małą skalę. Na przykład w wielu krajach afrykańskich Ameryki Środkowej i Azji Południowo-Wschodniej od 50 do 70 procent całkowitej wartości produkcji rolnej pochodzi z gospodarstw położonych na stokach wzgórz, czyli gospodarstw niskotowarowych, których praktycy są jednymi z najmniejszych i najbiedniejszych gospodarstw rolnych. Degradacja gruntów może wynikać z polityki, która zakłóca rynki czynników produkcji (gruntów, pracy, kapitału, nawozów i maszyn) lub rynki produkcji (rolnictwo w porównaniu z innymi rodzajami użytkowania gruntów i relatywnymi cenami upraw). Chociaż rolnicy używają różnych środków w celu utrzymania wydajności swoich gruntów, degradacja gleby może mieć miejsce tam, gdzie istnieje rozbieżność między kosztami prywatnymi i społecznymi lub gdy polityka publiczna skutkuje mniej niż optymalnymi czynnikami zarządzania glebą, takimi jak niepewne prawo własności, skrajne ubóstwo i brak dostępu do kredytów, co często prowadzi do nieodpowiednich inwestycji w utrzymanie kapitału glebowego.

Degradacja ziemi może być postrzegana szeroko na dwa sposoby:

- Niedoinwestowanie w grunty, które wiąże się z degradacją istniejących elementów składowych gruntów, które nie są utrzymywane, takich jak tarasy, prace irygacyjne itp., jak również ulepszanie gruntów, które nie jest dokonywane z powodu braku zachęt inwestycyjnych.
- Nadmierna eksploatacja zasobów ziemi poprzez nadmierny wypas, nadmierne stosowanie nawozów, zakwaszenie i zasolenie gleby oraz erozję gleby; następnie przeciążenie składników pokarmowych gleby i utrata gruntów rolnych do innych zastosowań.

## 2.6 Zrównoważone gospodarowanie gruntami

Dumański i Smyth (1994) zdefiniowali zrównoważone zarządzanie gruntami (Sustainable Land Management - SLM) jako system, który łączy technologie, polityki i działania mające na celu zintegrowanie zasad społeczno-gospodarczych z troską o środowisko naturalne, tak aby jednocześnie: utrzymać lub zwiększyć produkcję/usługi (wydajność); zmniejszyć poziom ryzyka produkcji (bezpieczeństwo); chronić potencjał zasobów naturalnych (ochrona); być ekonomicznie opłacalnym (rentowność); być akceptowalnym społecznie (akceptowalność).
Continue decline of soil fertility (depletion of soil nutrients and organic matter), low and poorly distributed rainfall, poor resource endowments, lack of or inadequate institutions, little or no use of fertilizer, production risk, and endemic crop and livestock diseases are major causes of the low and decreasing performance of sub-Saharan Africa's agricultural sector (Pender, et al., 2006 and Ajayi 2007). Zmniejszenie żyzności gleby jest uważane za główny biofizyczny czynnik ograniczający wzrost produkcji żywności na głowę mieszkańca dla większości drobnych rolników w Afryce. Średni roczny bilans składników pokarmowych dla regionu w latach 1983-2000 oszacowano na minus 22-26 kilogramów azotu (N), minus 6-7 kilogramów fosforu (P) oraz minus 18-23 kilogramy potasu (K) na hektar (Smaling *et al.,* 1997). Z drugiej strony, średnia intensywność stosowania nawozów w Afryce

Subsaharyjskiej wynosi tylko 8 kilogramów na hektar ziemi uprawnej, znacznie mniej niż w innych krajach rozwijających się (Morris *i in.*, 2007). W badaniu przeprowadzonym przez Menale *et al.*, (2012), które obejmowało 1 539 działek, w 4 okręgach (Karatu, Mbulu, Mvomero i Kilosa), tylko 4% działek zostało nawożonych chemicznie, mimo że 52% działek zostało obsadzonych ulepszonymi odmianami kukurydzy. Gdy nie stosuje się środków zewnętrznych, działki wymagają długich okresów odłogowania w celu uzupełnienia składników odżywczych pobranych przez rośliny i wypłukanych przez erozję. Jednak wraz ze wzrostem liczby ludności i spadkiem dostępności nowych gruntów do eksploatacji, coraz trudniej jest położyć działki ugorem, a w Afryce powszechne stają się uprawy ciągłe. Doprowadziło to do błędnego koła niskiej wydajności rolnictwa, niskiej zdolności inwestycyjnej, ciągłej degradacji gleby i dalszej presji na dostępne grunty w celu wytworzenia niezbędnych dostaw żywności (Arellanes i Lee 2003; Ruben i Pender 2004, Pender *i in.*, 2006). Przyjęcie i rozpowszechnienie określonych zrównoważonych praktyk rolniczych (SAP) stało się ważną kwestią w agendzie polityki rozwoju dla Afryki Subsaharyjskiej (Scoones i Toulmin 1999; Ajayi 2007), zwłaszcza jako sposób na pokonanie tych przeszkód. Do praktyk tych należą: uprawa konserwująca, uprawa międzyplonów, płodozmian roślin strączkowych, ulepszone odmiany upraw, stosowanie obornika zwierzęcego, uzupełniające stosowanie nawozów organicznych oraz gleby i otoczek kamiennych (De Souza *i in.*, 1999; Kassie i Zikhali 2009; Lee 2005; Wollni *i in.*, 2010). Potencjalne korzyści płynące z SAP polegają nie tylko na zachowaniu, ale także na wzmocnieniu zasobów naturalnych (np. zwiększenie żyzności gleby i zawartości materii organicznej w glebie) bez utraty poziomu plonów. Dzięki temu pola mogą pełnić funkcję pochłaniacza dwutlenku węgla, zwiększać zdolność gleby do zatrzymywania wody i zmniejszać erozję gleby (Allmaras *i in.*, 2000). Ponadto, dzięki zachowaniu żyznych i funkcjonujących gleb, programy SAP mogą mieć również pozytywny wpływ na bezpieczeństwo żywnościowe i różnorodność biologiczną (Wollni *i in.*, 2010). Płodozmian i dywersyfikacja upraw poprzez uprawę międzyplonów umożliwia rolnikom uprawę produktów, które mogą być zbierane w różnym czasie i które mają różne cechy klimatyczne lub środowiskowe reagujące na stres. Te zróżnicowane wyniki i stopnie odporności stanowią zabezpieczenie przed ryzykiem wystąpienia suszy, skrajnych lub niesezonowych temperatur i wahań opadów, które mogą zmniejszyć plony niektórych upraw, ale nie innych. Niezależnie od korzyści z nich wynikających, wskaźnik przyjęcia tych technologii i praktyk jest nadal niski na obszarach wiejskich krajów rozwijających się (Somda *i in.*, 2002; Neill i Lee 2001, Tenge *i in.*, 2004; Wollni i in., 2010; Kassie i in., 2009; Jansen *i in.*, 2006), pomimo szeregu krajowych i międzynarodowych inicjatyw mających na celu zachęcenie rolników do inwestowania w nie. Odnosi się to również do Nigerii, Ponadto stosunkowo niewiele pracy empirycznej wykonano w celu formalnego zbadania czynników społeczno-ekonomicznych, które wpływają na przyjęcie i rozpowszechnienie SAP, w szczególności uprawy konserwującej, międzyplonów roślin strączkowych i płodozmianu roślin strączkowych przez Arellanes i Lee (2003).

## 2.7 Ramy teoretyczne

### Koncepcje zestawów rozmytych i metoda agregacji wskaźników SLM

**Definicja rozmycia**: Niech X będzie zbiorem, a x będzie pewnym elementem X. Rozmyty podzbiór A i X jest zdefiniowany jako; A= (x, υA(x) dla wszystkich x Ex, gdzie υA jest nazywana funkcją członkowską i jest wnioskiem z X in (0,1). Oznacza to, że funkcja ta kojarzy się z rzeczywistą liczbą w stopniu przynależności X do A. Koncepcja zarządzania gruntami nie jest ściśle określona i wielowymiarowa, dlatego też koncepcja zbioru rozmytego może być stosowana w badaniach nad zrównoważonym zarządzaniem gruntami. Jeżeli A jest zestawem rozmytym, jego przynależność do praktyk gospodarowania gruntami może przyjmować jedynie wartości od 1 do 0. W takim przypadku Y(x) = (1), Y (x) = (0) lub 0 < Ya (x) < (1). Funkcja członkostwa reprezentuje stopień przynależności do podzbioru rozmytego. W przypadku analizy wielowymiarowej, rosnąca kolejność subiektywnych ocen może uszeregować zmienne jakościowe. Przykładem są wartości związane na przykład z doskonałymi, bardzo dobrymi, bardzo dobrymi, dość dobrymi, średnimi, dość złymi, bardzo złymi i gorszymi (Sulo i Chelangat, 2012). Koncepcja ta może być również wykorzystana do rozwiązania problemu zrównoważonych praktyk zarządzania gruntami wśród rolników w stanie Oyo.

Słownik Oxford English definiuje słowo fuzzy jako coś, co nie ma wyraźnego kształtu ani dźwięku. Implikuje to niejasność w rozeznawaniu jego charakteru lub przynależności do grupy. Zadeh po raz pierwszy opracował koncepcję fuzzy w 1965 roku (Zadeh, 1965). Twierdził, że niektóre klasy napotkanych przedmiotów nie mają precyzyjnie określonego kryterium przynależności. Nie stanowią one klas ani zestawów w zwykły sposób. Koncepcja rozmyta jest aspektem matematyki i inżynierii, a ostatnie postępy pokazują, że to samo pojęcie może być wykorzystane w modelowaniu niektórych bardzo ważnych zmiennych społeczno-ekonomicznych, które nie są jasne w swoim charakterze lub ogólnie niejednoznaczne w swoim opisie. Ludzie tworzą obiekty rzeczywistości, ponieważ w ramach wymaganych domen referencyjnych wybierane są i dostosowywane do celów komunikacji kontekstowej lub negocjacji. Stopień rozmycia etykiet językowych jest zatem zależny od kontekstu i wynika z wyboru referencyjnego (Zeleney, 1991). Dlatego też, logika rozmyta może być używana do przechwytywania lub rozwiązywania problemów za pomocą wielowymiarowych odpowiedzi.

Używając zestawów rozmytych, Maji *i in.*, (2001) zdefiniowali teorię zestawów rozmytych i wielu naukowców bada ich właściwości i zastosowania (Ahmad *i in.*, (2009), Aygunoglu i Aygun 2009, Cagman *i in.*, 2010, 2010b, Deschrijver 2007, Feng *i in.*, 2010, Jun 2009, Jun *i in*, 2010,

Kalayathankal and Singh 2010, Kharal and Ahmad 2009, Kong *et al.*, 2009, Liu *et al.*, (2008), Maji et *al.*, (2001), Majumdar and Samanta (2010), Mukherjee and Chakraborty (2008), Roy & Maji 2007, Son 2007, Xiao et *al.*, 2009, Yang et *al.*, 2008, 2009). Według Oyekale'a (2012), zestaw rozmyty został zaproponowany przez Zadeh'a (1965), a podejście to zostało zastosowane do analizy przydatności gruntów przez takich autorów jak (Tang i Van Ranst (1992); Braimoh *i in.*, (2004), i Oyekale (2012). Oyekale zaproponował (2012), że w populacji A złożonej z n gospodarstw domowych [A = a1, a2, a3, ......an] podzbiór gospodarstw domowych korzystających z gruntów w sposób niezrównoważony B obejmuje każde gospodarstwo domowe $a_i \in B$. W niektórych wskaźnikach dotyczących powierzchni ziemi (X), które są w pewnym stopniu niezrównoważone. Stopień niezrównoważenia przez i-tego rolnika (i=1,.....,n) w odniesieniu do danego atrybutu (j), biorąc pod uwagę, że (j = 1,......,m) jest zdefiniowany jako: $\mu B\ [Xj\ (ai)] = xij,\ 0 < xij < 1$. Konkretnie, xij = 1 gdy użytkowanie ziemi przez rolnika przedstawia niezrównoważony rozwój, a xij = 0 w przeciwnym wypadku (Oyekale, 2012). Betti *i in.*, (2005) zauważyli, że zestawienie kategorycznych wskaźników deprywacji dla poszczególnych pozycji w celu skonstruowania wskaźników złożonych wymaga podjęcia decyzji o przypisaniu wartości liczbowych do uporządkowanych kategorii oraz o ważeniu i skalowaniu miar. Według Oyekale (2012), wskaźniki poziomu gospodarstw rolnych dotyczące zrównoważonego użytkowania gruntów często przybierają formę prostych dychotomii "tak/nie". W tym przypadku xij wynosi 0 lub 1. Jednakże niektóre wskaźniki mogą obejmować więcej niż dwie uporządkowane kategorie (na przykład dyskretne zmienne kategoryczne i ciągłe zmienne kategoryczne), odzwierciedlające różny stopień deprywacji. Jeśli weźmiemy pod uwagę ogólny przypadek c = 1 do C uporządkowanych kategorii jakiegoś wskaźnika deprywacji, przy czym c = 1 reprezentuje sytuację najbardziej potrzebującą, a c = C najmniej potrzebującą. Niech będzie to kategoria, do której należy jednostka *i*. Cerioli i Zani (1990), zakładając, że ranga kategorii stanowi równorzędną zmienną metryczną, przypisującą danej osobie ocenę deprywacji jako: $Xij = (C-ci)/(C-1)$ (1) gdzie $1 < ci < C$. Podsumowując kluczowe pojęcia dotyczące zrównoważonego zarządzania gruntami w oparciu o teorię zbiorów rozmytych, a w szczególności o prace Daguma i Costy (2004).

i. Metody gospodarowania substancjami odżywczymi w glebie na danym obszarze (a1)

A = {a1 ........ai }.............; oraz................................................. (1)

ii. Wektor do rzędu m dla atrybutów społeczno-ekonomicznych (X1) dla badania stanu zrównoważonego zarządzania gruntami dla

A: X = {X1 .............Xj Xm} .................................................... (2)

Wybór zestawu cech społeczno-ekonomicznych w odniesieniu do zrównoważonego zarządzania gruntami będzie polegał, dla każdej płci, na wyborze zestawów społeczno-ekonomicznych, których brak lub częściowe posiadanie przyczynia się do stanu zrównoważonego zarządzania gruntami przez rolników. Są one obliczane przy użyciu wektora X rzędu m: X = (Xi Xj Xm), X obejmuje atrybuty ekonomiczne, społeczne i rodzinne reprezentowane przez (dyskretne i ciągłe) zmienne ilościowe i/lub jakościowe. Nazwijmy b podzbiorem A takim, że każdy adres aiεB reprezentuje stopień deprywacji w co najmniej jednej z cech zawartych w X. (Dagum *et al.*, 2004)

Funkcja i-tego rolnika (i = 1......... n) należącego do podzbioru rozmytego B w odniesieniu do atrybutu j-tego (j = 1...... m) jest określona w następujący sposób

Xij = Uβ (X1(a1)), 0 ≤ 1............................................................... (3)

W tym przypadku:

Xij = 1, jeżeli i-ty rolnik nie posiada atrybutu j-tego;

Xij = 0, jeśli i-ty rolnik posiada atrybut j-tego;

0 < Xij < 1, jeśli i-ty rolnik ma j-ty atrybut o intensywności pomiędzy (0, 1).

Funkcja i-tego rolnika (i = 1............ n) należącego do podzbioru rozmytego B może być określona jako średnia masa Xij;

μβ (ai) = równanie μβ (ai) mierzy stosunek zrównoważonego gospodarowania gruntami i-tego rolnika, gdzie $_{wi}$ jest wagą przypisaną do atrybutu j-tego i gdzie;

0 ≤ μβ (ai) ≤ 1

Zachowanie funkcji przynależności (do podzbioru rozmytego) jest następujące;

μB (ai) = 0, jeśli ai posiada atrybuty m;

μB (ai) = 1, jeśli ai jest całkowicie pozbawiona atrybutów m;

0 < μB (ai) < 1, jeśli ai jest częściowo lub całkowicie pozbawiona niektórych atrybutów, ale nie całkowicie pozbawiona wszystkich atrybutów.

Waga wj reprezentuje intensywność deprywacji związanej z atrybutem Xj. Jest to odwrotna funkcja stopnia niedostatku tego atrybutu dla ludności rolniczej. Im mniejsza jest liczba gospodarstw domowych z atrybutem Xj, tym większa będzie waga wj. Cerioli i Zani (1990) określili wagę, która weryfikuje tę właściwość, a mianowicie;

Wj = kłoda$[\sum_{j=1}^{n} g(a_i) / \sum_{j=1}^{n} x_n\, g(a_i)]$ ........................................ (4)

$\sum_{j=1}^{n} x_n\, g(a_i) > 0$

Gdzie g(ai) odnosi się do częstotliwości (wagi), z jaką respondent zaobserwował ai populacji;

$g(ai)\sum_{j=1}^{n} x_n\, g(a_i)$ jest względną częstotliwością, z jaką próbka ai z obserwowanej populacji, g(ai) jest równa n-krotnej względnej częstotliwości rolników w całej populacji.

Dlatego, $\sum_{j=1}^{n} x_n\, g(a_i) = n$ W związku z tym, jeżeli każdy posiada jakąś cechę lub nikt jej nie posiada, należy ją usunąć, ponieważ nie ma ona poważnego znaczenia dla niezrównoważonego użytkowania gruntów.
W równaniu (5) mianownik logarytmu jest zawsze dodatni. Gdyby wartość Xij = 0, była częścią możliwych zestawów, oznaczałoby to, że nie byłoby niedostatku w Xj. Indeks rozmyty trwałości zestawu A jest średnią ważoną μB (ai) podaną według wzoru (4).
Oprócz określenia wielowymiarowego zrównoważonego zarządzania gruntami dla i-tego rolnika oraz dla całej populacji, zastosowanie teorii zbiorów rozmytych pozwala na obliczenie jednowymiarowego indeksu dla każdego z rozpatrywanych atrybutów j.

$\mu\beta\ (Xj) = \sum_{j=1}^{n} x_n g(a_i) / \sum_{j=1}^{n} g(a_i)$ j = 1, 2, ..........m.......................... (5)

μβ (Xj) określa stopień pozbawienia atrybutu jth dla populacji respondenta. Ogólny wskaźnik rozmycia zrównoważonego gospodarowania gruntami można również zdefiniować jako średnią ważoną wskaźników jednowymiarowych dla każdego atrybutu;

$\mu\beta = \sum_{j=1}^{m} \mu_\beta(X_j) W_j / \sum_{j=1}^{m} w_j = 1, 2,$ .......... m........................................ (6)

analiza wyników uzyskanych w (5), dla j=1 m...................., daje decydentom możliwość zidentyfikowania przyczyn niezrównoważonej gospodarki gruntami i podjęcia interwencji strukturalnych w celu jej ograniczenia.

## 2.8 Przyczyny zastosowania koncepcji logiki rozmytej

Zastosowanie logiki rozmytej w modelu ma kilka bardzo istotnych zalet w przypadku zastosowania w ekonometrii. Po pierwsze, stara się standaryzować wszystkie zmienne, które mają różne zmienne predykcyjne (objaśniające) o różnych jednostkach miary. Po drugie, wstępna analiza danych Chelangat *i in.*, (2012) w ich opracowaniu ujawnia, że uzyskane dane rozmyte (zmienne standaryzowane) stanowią rozwiązanie problemu wieloliniowości zmiennych. Farrar - test Glaubera na wieloliniowość danych surowych (nie rozmytych) wyniósł 3,968E-09, podczas gdy znormalizowany wyznacznik dla danych rozmytych wyniósł 7,671E-09. Obserwowany chi-kwadrat zmniejsza się również po przekształceniu w rozmyte funkcje członkostwa. Oznacza to, że wieloliniowość zmniejsza się. Ponadto wstępna analiza danych statystycznych dotyczących współliniowości wskazuje, że wartości tolerancji uzyskane na podstawie danych pierwotnych były niższe niż wartości tolerancji uzyskane na podstawie danych rozmytych. Ponadto stwierdzono, że dane rozmyte mają niższe wartości współczynników inflacji wariancji (VIF). Wskazuje to na zmniejszoną współliniowość zmiennych po ich przekształceniu w funkcje członkostwa rozmytego; przekształcenie w funkcje członkostwa rozmytego danych pierwotnych również przekształca model w nowo dostosowane zmienne. Ten rodzaj dostosowania stanowi rozwiązanie dla zaburzeń heteroscedastyczności w ekonometrii (Sulo i Chelangat, 2012).

Podejście oparte na zbiorze rozmytym pozwala na dekompozycję wskaźników użytkowania gruntów niezgodnych ze zrównoważonym rozwojem w oparciu o wkład każdego wskaźnika lub atrybutów (Oyekale, 2012).

# ROZDZIAŁ TRZY

## METODOLOGIA

### 3.1. Obszar badań

Badanie to zostało przeprowadzone w stanie Oyo, w Nigerii. Państwo znajduje się w południowo-zachodniej części kraju. Stan Oyo składa się z trzydziestu trzech (33) obszarów samorządu lokalnego zgrupowanych w czterech (4) strefach rolniczych programu rozwoju rolnictwa stanu Oyo (OYSADEP). Strefy są: Ibadan-Ibarapa, Oyo, Saki i Ogbomoso Zones. Stan Oyo obejmuje całkowitą powierzchnię około 27.249.000 kilometrów kwadratowych przy całkowitej liczbie ludności wynoszącej około 5,6 miliona (Krajowa Komisja Ludnościowa, 2006). Położony jest pomiędzy 7o szerokości geograficznej północnej a 19o szerokości geograficznej północnej i 2,5o długości geograficznej wschodniej a 5o długości geograficznej wschodniej południka. Państwo obejmuje łącznie 27 249 000 kilometrów kwadratowych masy ziemskiej i jest ograniczone na południu przez Państwo Ogun, na północy przez Państwo Kwara, na zachodzie jest częściowo ograniczone przez Państwo Ogun i częściowo przez Republikę Beninu, a na wschodzie przez Państwo Osun. Krajobraz składa się ze starych twardych skał i kopułowych wzniesień, które wznoszą się delikatnie z około 500 metrów w części południowej i osiągają w części północnej wysokość około 1 219 metrów nad poziomem morza, (http://oduainvestment.com.ng/portfolio-item/oyo-state/ 2014).

Topografia państwa jest delikatnie pofałdowana na południu, wznosząca się na płaskowyż o wysokości około 40 metrów. Stan jest dobrze odwodniony, a rzeki płyną z wyżyny w kierunku północ-południe. W stanie Oyo panuje klimat równikowy z porami suchymi i mokrymi oraz stosunkowo wysoką wilgotnością. Pora sucha trwa od listopada do marca, natomiast pora deszczowa zaczyna się w kwietniu i kończy w październiku. Średnia dzienna temperatura waha się między 25 °C (77,0°F) a 35 °C (95,0°F), prawie przez cały rok. Wzorzec roślinności stanu Oyo to las deszczowy na południu i peruwiańska sawanna na północy. Gruby las na południu ustępuje miejsca pastwiskom poprzeplatanym drzewami na północy. Klimat w państwie sprzyja uprawie takich roślin jak kukurydza, jam, maniok, proso, ryż, plantaina, kakaowiec, palma i nerkowiec. (Oficjalna strona internetowa rządu stanu Oyo)

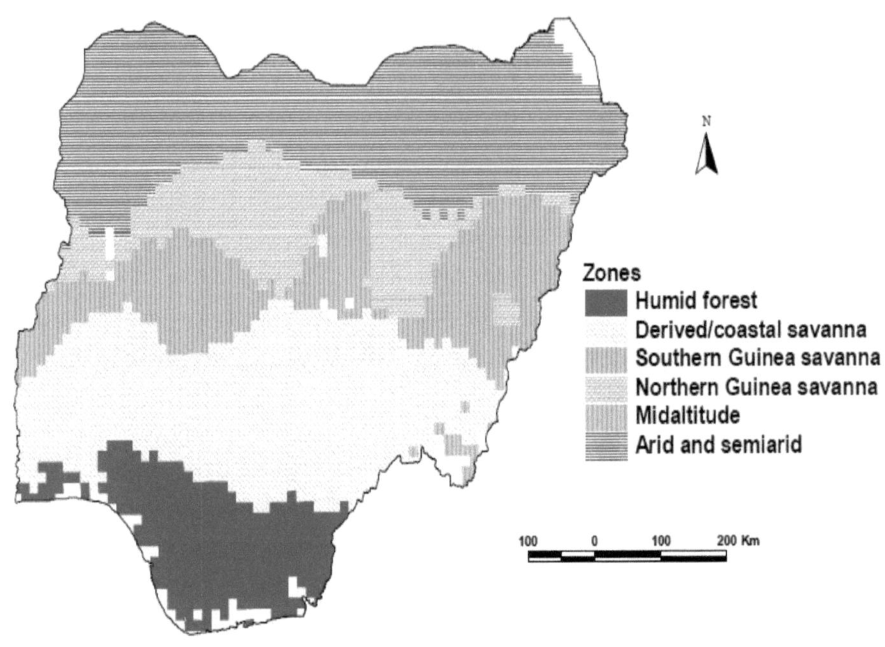


Rysunek 1: Mapa Nigerii przedstawiająca strefy ekologiczne

Źródło: Światowy atlas podróży 2012.

**Rysunek 2: Mapa Nigerii przedstawiająca stan Oyo.**

Źródło: Podróże w atlasie świata, 2012.

Rysunek 3: Mapa stanu Oyo

**Pokazanie stref rolniczych**

**Klucz**

**Strefa Shaki**

**Ibadan Ibarapa Strefa**

**Strefa Oyo**

**Strefa Ogbomoso**

## 3.2 Technika pobierania próbek i ich wielkość

Do wyboru respondentów do tego badania wykorzystano metodę wieloetapową oraz technikę celowego losowego pobierania próbek. Pierwszym etapem był wybór istniejących czterech stref rolniczych, a mianowicie stref Ibadan-Ibarapa, Oyo, Saki i Ogbomoso. Drugi etap polegał na celowym wybraniu jednego samorządu z każdej ze stref rolniczych, co łącznie obejmowało cztery obszary samorządowe, na których skupiają się rolnicy zajmujący się produkcją kasawy. Trzeci etap obejmował wybór 205 respondentów według populacji zarejestrowanych rolników uprawiających maniok cassavę z listy Nigeria Cassava Growers Association (NCGA) w czterech strefach rolniczych stanu Oyo. Lista rolników z tych obszarów została opracowana w ramach programu rozwoju rolnictwa stanu Oyo (OYSADEP) i Federalnego Departamentu Rolnictwa (FDA).

Wreszcie, losowy wybór respondentów z każdego z LGA reprezentujących strefy, które składają się z 60, 55, 40 i 50 odpowiednio z Oyo, Ogbomoso, Ibadan / Ibarapa i Shaki, zgodnie z populacją zarejestrowanych rolników w każdej ze stref w stanie. Łącznie pobrano 50, 46, 40 i 40 kwestionariuszy ze stref Oyo, Ogbomoso, Ibadan / Ibarapa i Shaki, co daje łączną sumę 176, co dało wskaźnik odpowiedzi na poziomie 86% kwestionariuszy, które zostały również uznane za przydatne do analizy z 205 podanych. Według Duncana (2008) 86% odpowiedzi było więcej niż wystarczające do przeprowadzenia analiz.

## 3.3 Gromadzenie danych

W badaniu wykorzystano dane pochodzące głównie z pierwotnego źródła. Źródłem danych były zbiory rolników w sezonie rolniczym 2014 z wykorzystaniem kwestionariusza strukturalnego i harmonogramu wywiadów, które były osobiście administrowane i interpretowane przez badacza oraz przeszkolonych enumeratorów do lokalnego języka, który rolnicy rozumieli. Wykorzystano również uwagi i dodatkowe informacje przekazane przez rolników, które nie zostały uwzględnione w kwestionariuszu.

## 3.4 Analiza danych

**Tabela 3. Analiza celów**

| Cele | Znaczenie | Wymagane dane | Źródła danych | Metoda analizy danych |
|---|---|---|---|---|
| Zbadanie charakterystyki społeczno-ekonomicznej rolników w badaniu | Aby opisać demografię społeczno-gospodarczą rolników | Wiek, płeć, wykształcenie, wielkość rodziny itp. | Źródło pierwotne | Statystyki opisowe |
| Określić czynniki specyficzne dla danego gospodarstwa i społeczno-gospodarcze, które mają wpływ na produkcję roślinną | Aby uzyskać dostęp do czynników odpowiedzialnych za produkcję roślinną | Sposób uprawy, doświadczenie w zarządzaniu, dochody, częstotliwość uprawy i produkcja roślinna | Źródło pierwotne | Analiza regresji wielokrotnej |
| Analiza czynników warunkujących zrównoważone gospodarowanie gruntami, praktykowane przez rolników. | Badanie czynników, które są odpowiedzialne za to, że grunty rolne są zrównoważone | Czynniki takie jak odpływ erozji, obornik organiczny, wielkość gospodarstwa, pestycydy, dochody, wiek itp. | Dane pierwotne | Model regresji Tobita |
| Aby skonstruować wskaźnik niezrównoważonego użytkowania gruntów (IULU) | Badanie wskaźników poziomu gospodarstw rolnych, które są odpowiedzialne za zrównoważone użytkowanie gruntów | Czynniki takie jak siła wzrostu upraw, spływ erozji, pestycydy, wydajność upraw itp. | Źródło pierwotne | Logika rozmyta (Fuzzy Logic) |

| Analiza względnego wkładu (IULU) w niezrównoważone użytkowanie gruntów przez rolników. | Opisanie znaczenia zdekomponowanych wskaźników i ich wpływu na trwałość gruntów | Ściółkowanie upraw, uprawa roślin okrywających, odłogowanie gruntów, stosowanie herbicydów, pestycydów itp. | Źródło pierwotne | Statystyki opisowe |
|---|---|---|---|---|

## 3.5 Techniki analityczne

W celu oszacowania wpływu praktyk gospodarowania gruntami na poziom plonów zbóż przyjęto pochodną analizy funkcji produkcji. Jednym ze sposobów pomiaru skutków takich opcji zarządzania gruntami jest uwzględnienie tych praktyk zarządzania w funkcji produkcji jako zmiennych, oddzielonych od nakładów fizycznych (Ali, 1996) i (Asuming-Brempong, 2010).

Ogólna funkcja produkcji (w formie matrycy) może być określona jako:

Y = f (X, Z) $^{eu}$ (1------------------------------------------------------------------------------------------------)

Gdzie Y jest wielkością wyjściową danej uprawy, X jest wektorem zmiennych nakładów, Z jest wektorem praktyk gospodarowania gruntami, u jest terminem błędu, a e jest terminem wykładniczym. Pierwsza pochodna równania (1) w odniesieniu do różnych praktyk gospodarowania gruntami przedstawia współczynniki różnych praktyk gospodarowania gruntami, które mierzą ich skumulowane skutki przeniesienia na plony upraw. W ramach tej analizy oszacowano, że model regresji wielokrotnej, który odnosi plony upraw do praktyk gospodarowania gruntami, dostarcza ilościowych pomiarów wpływu tych praktyk na plony upraw, wykorzystując oprogramowanie STATA do analizy statystycznej.

Model użyty do oszacowania został podany jako:

### 3.5.1 Specyfikacja modelu

Y = b0 + b1X1 + b2 X2 + b3X3 +b4X4+ b5X5............ b9X9 + μ ........................ (2)

Yi = f (Xij, αj) ... (forma dorozumiana) ............................................................ (3)

Y= f(Xs) ......................................................................................... (4)

Y= (X1, X2, X3, ...Xn) ... (5)

**Wyraźnie**

**Linear**

Y = (a+b1X1+b2X2+b3X3+b4X4+b5X5+b6X6+b7X7+b8X8+b9X9 +e) …………………….. (6)

**Podwójna kłoda**

LnY = (a+ b1lnX1 + b2lnX2 + b3lnX3 + b4lnX4 + b5ln X5 + b6ln X6 b9ln X9 +e) (7………)

**Semi-log**

Y = (a+ b1lnX1 + b2lnX2 + b3lnX3 + b4lnX4 + b5ln X5 + b6ln X6 b9ln X9 +e) ……….. (8)

**Wykładniczy**

LnY= (a+b1X1+b2X2+b3X3+b4X4+b5X5+b6X6.................. b9X9 +e) ………………………… (9)

Gdzie,

Y = Wydajność Cassavy (kg)

X1 = Doświadczenie rolnicze (lata)

X2 = Wielkość gospodarstwa (ha)

X3 = Poziom wykształcenia (atrapa)

X4= Rodzaje własności gruntów (atrapa)

X5 = Czas trwania użytkowania gruntów (lata)

X6 = Wiek respondenta (lata)

X7 = Kredyt (Naira)

X8 = Użycie siły roboczej (dni robocze)

X9 = Sposób uprawy (manekin: lokalny/ręczny = 0, zmechanizowany = 1)

e = termin błędu

b = Parametr oszacowany

a = Stała

### 3.5.2 Tobitowy model regresji czynników warunkujących wskaźnik zrównoważonej gospodarki gruntami (SLMI)

Do analizy determinantów wskaźnika zrównoważonego gospodarowania gruntami w badaniu zastosowano metodę regresji Tobita. Wynika to z charakteru zmiennej zależnej, ponieważ zmienna procentowa (SLMI) wchodzi w zakres ograniczonej zmiennej zależnej i charakteryzuje się zarówno ciągłymi wartościami dodatnimi, jak i zerowymi (dyskretnymi zmiennymi kategorycznymi i ciągłymi zmiennymi kategorycznymi), które są uważane za cenzurowaną zmienną zależną.

Model został wybrany na podstawie prac Oyekale'a (2012); Oloyede *et al.*, (2014) oraz Agboola *et al.*, (2015).

Model można określić jako:

$$SLMIi = A + \beta j \sum_{j=1}^{12} Zi + \mu \ldots\ldots (1)$$

$$SLMIi = (\beta 0 + \beta 1Z1 + \beta 2Z2 + \beta 3Z3 + \beta 4Z4 + \beta 5Z5 \ldots\ldots \beta 12Z12 + \mu i) \ldots\ldots (2)$$

Gdzie; SLMI = (wskaźnik zrównoważonego zarządzania gruntami, dyskretny i ciągły)

Z1 = Wiek (lata)

Z2 = Doświadczenie rolnicze (lata)

Z3 = Dochód (Naira)

Z4 = Wielkość gospodarstwa (ha)

Z5 = Obornik organiczny (manekin)

Z6 = Aplikacja nawozu (atrapa)

Z7 = Uprawa ciągła (atrapa)

Z8 = Spływ erozyjny (atrapa)

Z9 = Aplikacja pestycydów (manekin)

Z10 = Substancja organiczna (atrapa)

Z11 = Sposób uprawy (atrapa)

Z12 = Poziom wykształcenia (atrapa)

$Z_{(s)}$ = Zmienne objaśniające

$\mu$ = Termin błędu

$\beta$ = Parametr oszacowany

A= Stały

# ROZDZIAŁ CZWARTY

## WYNIKI I DYSKUSJA

W niniejszym rozdziale przedstawiono dane zebrane na potrzeby badania. Omówiono w nim również wyniki badania.

### 4.1 Charakterystyka społeczno-ekonomiczna respondentów

Jednym z celów badania jest zbadanie charakterystyki społeczno-ekonomicznej respondentów w tym badaniu. Obejmują one płeć, wiek, stan cywilny, rolę przywódczą, lata pracy w gospodarstwie rolnym, poziom wykształcenia, wielkość gospodarstwa domowego, dochód z gospodarstwa, wielkość gruntów, prawa do ziemi, źródło pochodzenia gruntów oraz źródła kredytów i inne.

#### 4.1.1 Wiek respondentów

Z tabeli 4 wynika, Īe 9,7% rolników byáo w wieku 21-30 lat, a 29,6% w wieku 51-60 lat przy Ğredniej 50,2 roku, co jest zgodne z pracami Akinnagbe i Umukoro, (2011), a takĪe wspierane przez (Amao *i in.*, (2013) i Babalola *i in.*, (2013). Pokazuje to, że ludność rolnicza już starzeje się zgodnie z pracą Oyekale (2012).

**Tabela 4: Wiek respondentów**

| Wiek | Częstotliwość: | Procent | Średnia |
|---|---|---|---|
| 21-30 | 17 | 9.7 | |
| 31-40 | 31 | 17.6 | |
| 41-50 | 46 | 26.1 | |
| 51-60 | 52 | 29.6 | |
| 61 i więcej | 30 | 17.0 | 50.15 |
| Razem | 176 | 100 | |

Źródło; badanie terenowe, 2015 r.

### 4.1.2. Płeć respondentów

Tabela 5 wskazuje, że większość rolników (73,9%) to mężczyźni, a 26,1% to kobiety. Oznacza to, że na badanym obszarze dominującą rolę w produkcji kasawy odgrywają rolnicy płci męskiej. Może to wynikać z rygorystycznej działalności związanej z produkcją manioku. Kobieta zajmuje się przetwórstwem rolnym i inną działalnością rolniczą, a także zgodnie z kulturowym przekonaniem, że mężczyzna jest właścicielem lub dziedzicem ziemi na badanym obszarze. Ustalenia te wspierały prace (Raufu *i in.*, 2012) oraz Oladeebo *i in.*, (2013).

**Tabela 5: Rozkład** respondentów w zależności od ich płci

| **Płeć** | **Częstotliwość:** | **Procent** |
|---|---|---|
| Mężczyzna | 130 | 73.9 |
| Kobieta | 46 | 26.1 |
| Razem | 176 | 100 |

Źródło; badanie terenowe, 2015 r.

### 4.1.3: Stan cywilny respondentów

Tabela 6 wskazuje, że ponad trzy czwarte (80,7%) rolników było zamężnych, a 6,8% było samotnych. Oznacza to, że większość rolników pozostaje w związku małżeńskim, a dostępność rodzinnej siły roboczej do pracy przy uprawie manioku jest równa wszystkim innym.

**Tabela 6:** Podział respondentów według stanu cywilnego

| **Stan cywilny** | **Częstotliwość:** | **Procent** |
|---|---|---|
| Pojedynczy | 12 | 6.8 |
| Żonaty | 142 | 80.7 |
| Rozwiedziony | 8 | 4.5 |
| Wdowa | 7 | 4.0 |
| Wdowiec | 7 | 4.0 |
| Razem | 176 | 100 |

Źródło; badanie terenowe, 2015 r.

### 4.1.4. Poziom wykształcenia respondentów

Tabela 7 wykazała, że 10,8% rolników nie posiadało formalnego wykształcenia 26,7% miało wykształcenie podstawowe 29,5% wyższe, podczas gdy większość z nich (33%) uzyskała wykształcenie średnie, co oznacza, że przeciętny rolnik na tym obszarze nie wykraczał poza wykształcenie średnie (Oluwemimo, 2010).

Tabela 7: Rozkład respondentów według ich poziomu wykształcenia

| **Poziom wykształcenia** | **Częstotliwość:** | **Procent** |
|---|---|---|
| Brak formalnej edukacji | 19 | 10.8 |
| Edukacja podstawowa | 47 | 26.7 |
| Szkolnictwo średnie | 58 | 33.0 |
| Szkolnictwo wyższe | 52 | 29.5 |
| Razem | 176 | 100 |

Źródło; badanie terenowe, 2015 r.

### 4.1.5 Wielkość gospodarstwa domowego respondentów

Tabela 8 wykazała, że 35,8% rolników posiadało gospodarstwa domowe o wielkości od 1 do 5, 4,0% posiadało gospodarstwa domowe o wielkości od 11 do 15, a 60,2% posiadało gospodarstwa od 6 do 10 o średniej wartości 6,3. Oznacza to, że respondenci mają dość duże gospodarstwa domowe. Może być ona jednak wykorzystywana jako praca rodzinna.

Tabela 8: Rozkład respondentów w zależności od wielkości gospodarstwa domowego.

| **Wielkość gospodarstwa domowego** | **Częstotliwość:** | **ProcentMean** | |
|---|---|---|---|
| 1-5 | 63 | 35.8 | |
| 6-10 | 106 | 60.2 | |
| 11-15 | 7 | 4.0 | 6.30 |
| Razem | 176 | 100 | |

Źródło: Badanie terenowe, 2015 r.

### 4.1.6 Główny zawód respondenta

Tabela 9 wskazuje, że 10,8% rolników zajmujących się hodowlą zwierząt gospodarskich, 4,5% polowaniami, a większość (84,7%) rolnikami zajmującymi się uprawą roślin. Wyniki te mogą być wskaźnikiem obfitości zasobów ziemi na badanym obszarze. Stwierdzenie to jest poparte stwierdzeniem (Raufu i Adetunji, 2012) oraz Oladeebo *i in.*, (2013).

Tabela 9: Rozkład respondentów w zależności od ich podstawowego zawodu.

| **Podstawowe zajęcie** | **Częstotliwość:** | **Procent** |
|---|---|---|
| Inwentarz żywy | 19 | 10.8 |
| Uprawa | 149 | 84.7 |
| Polowanie | 8 | 4.5 |
| Razem | 176 | 100 |

Źródło: Badanie terenowe, 2015 r.

### 4.1.7 Źródło uznania dla respondentów

Tabela 10 pokazała, że ponad połowa (51,1%) rolników ma dostęp do kredytów za pośrednictwem spółdzielni, 2,3% za pośrednictwem przyjaciół, 17,6% poprzez osobiste oszczędności, podczas gdy 2,3% za pośrednictwem agencji rządowych nie wspiera pracy Akinola *et al*, (2015), która mówi, że większość rolników pozyskuje swój kredyt poprzez osobiste oszczędności. Oznacza to, że niewiele może być zrealizowane od przyjaciół, więc może nie mieć wpływu na poziom produkcji. Stowarzyszenie spółdzielcze ma możliwość udzielania olbrzymich kredytów długo- lub krótkoterminowych, z niewielkim lub żadnym zainteresowaniem niż przyjaciele lub osoby indywidualne, które udzielą małych kwot.

Tabela 10: Rozkład respondentów według źródła kredytowania.

| **Źródło kredytu** | **Częstotliwość:** | **Procent** |
|---|---|---|
| Przyjaciel | 4 | 2.3 |
| Rodzina | 7 | 4.0 |
| Rząd | 4 | 2.3 |
| Pożyczka | 40 | 22.7 |
| Spółdzielnia | 90 | 51.1 |
| Oszczędność osobista | 31 | 17.6 |
| Razem | 176 | 100 |

Źródło: Badanie terenowe, 2015 r.

### 4.1.8 Źródło pochodzenia ziemi respondentów

Tabela 11 ujawniła, że 1,1% rolników miało dostęp do ziemi za pośrednictwem rządu, 1,7% za pośrednictwem społeczności, 26,7% dzierżawiło/wynajmowało ziemię, podczas gdy 35,8% i 34,7% kupowało i dziedziczyło odpowiednio swoje grunty rolne. Oznacza to, że rolnicy, którzy mają prawo do ziemi, posiadają ją poprzez zakup i dziedziczenie, co może pozwolić im na podjęcie długoterminowej działalności rolniczej i programów zarządzania gruntami.

Tabela 11: Podział respondentów w zależności od źródła pochodzenia ziemi.

| **Źródło ziemi** | **Częstotliwość:** | **Procent** |
|---|---|---|
| Dziedziczenie | 61 | 34.7 |
| Zakup | 63 | 35.8 |
| Wynajem / Leasing | 47 | 26.7 |
| Wspólnota | 3 | 1.7 |
| Rząd | 2 | 1.1 |
| Razem | 176 | 100 |

Źródło: Badanie terenowe, 2015 r.

### 4.1.9 Źródło pracy respondentów

Tabela 12 wskazuje, że 21% rolników korzystało z pracy rodzinnej, a 79% z pracy najemnej, co jest zgodne z pracą Akinola *et al.*, (2015). Oznacza to, że większość rolników nie korzysta z pracy rodzinnej w dużych ilościach, zwłaszcza z działań wymagających dużej intensywności pracy.

Tabela 12: Rozkład respondentów według źródła pracy wykorzystanego w dniach męskich.

| **Źródło pracy** | **Częstotliwość:** | **Procent** |
|---|---|---|
| Rodzina | 37 | 21.0 |
| Wynajęty | 139 | 79.0 |
| Razem | 176 | 100 |

Źródło: Badanie terenowe, 2015 r.

### 4.1.10 Doświadczenie rolnicze respondentów

Tabela 13 wykazała, że 2,8% rolników posiadało doświadczenie w uprawie manioku od 31 lat, 38,1% - od 11 do 20 lat, a 50% - od 1 do 10 lat. Średnia liczba lat doświadczenia rolniczego wynosiła 13,4. W ten sposób większość respondentów posiada znaczne doświadczenie w uprawie manioku, które może pomóc rolnikom w podjęciu dobrej decyzji w procesie produkcji i ułatwić im rozpoczęcie właściwego zarządzania gruntami rolnymi w celu utrzymania wydajności, co jest zgodne z ustaleniami (Olarinde, 2008 i Oladeebo, i in., 2013).

Tabela 13: Rozkład respondentów w zależności od ich doświadczenia rolniczego

| **Doświadczenie rolnicze** | **Częstotliwość:** | **Procent** | **Średnia** |
|---|---|---|---|
| 1-10 | 88 | 50 | |
| 11-20 | 67 | 38.1 | |
| 21-30 | 16 | 9.1 | |
| 31 i wyżej | 5 | 2.8 | 13.4 |
| Razem | 176 | 100 | |

Źródło: Badanie terenowe, 2015 r.

### 4.1.11 Badane źródła wody

Tabela 14 wykazała, że 82,4% rolników czerpie wodę z opadów deszczu, a 17,6% z irygacji. Oznacza to, że większość rolników uprawia rolnictwo zasilane deszczem, co jest zgodne z oczekiwaniami apriori w badanym obszarze.

Tabela 14: Rozkład respondentów według źródła wody

| **Źródło wody** | **Częstotliwość:** | **Procent** |
|---|---|---|
| Irygacja | 31 | 17.6 |
| Opady deszczu | 145 | 82.4 |
| Razem | 176 | 100 |

Źródło: Badanie terenowe, 2015 r.

### 4.1.12 Respondenci w zależności od sposobu uprawy

Tabela 15 wykazała, że 14,2% praktykowanych przez rolników ulepszyło technologię mechaniczną dla ich sposobu uprawy, podczas gdy większość 85,8% praktykuje lokalny/ręczny sposób uprawy, do którego są przyzwyczajeni.

Tabela 15: Rozkład respondentów w zależności od sposobu uprawy

| Sposób uprawy | Częstotliwość: | Procent |
|---|---|---|
| Lokalnie / ręcznie | 151 | 85.8 |
| Ulepszona technologia mechowa | 25 | 14.2 |
| Razem | 176 | 100 |

Źródło: Badanie terenowe, 2015 r.

### 4.1.13 Respondenci w zależności od wielkości ich gospodarstw rolnych

Tabela 13 wskazuje, że większość 87,5% rolników posiadała gospodarstwa rolne o powierzchni od 0,5 do 5,0 ha. 11,4% posiadało gospodarstwa o wielkości od 5,1 do 10 hektarów przy średniej wielkości gospodarstwa wynoszącej 2,89. Oznacza to, że większość rolników prowadziło działalność rolniczą na małą skalę. Według Olayide *i in.*, (1980), Antman i Mckenzie (2005), Dorward i *in.*, (2005) oraz Okunade i Williams (2014) podział wielkości tych gospodarstw został udowodniony w literaturze jako gospodarstwa małe, o powierzchni od 0,10 do 4,99 ha, średnie, od 5,0 do 9,99 ha oraz duże, od 10 ha i większe.

Tabela 16: Rozkład respondentów w zależności od wielkości ich gospodarstw rolnych

| Wielkość wykorzystywanego gospodarstwa (hektar) | Częstotliwość: | Procent | Średnia |
|---|---|---|---|
| 0.5-5.0 | 154 | 87.5 | |
| 5.1-10 | 20 | 11.4 | |
| 10.1-15 | 2 | 1.1 | 2.89 |
| Razem | 176 | 100 | |

Źródło: Badanie terenowe, 2015 r.

### 4.1.14 Respondenci w zależności od czasu trwania użytkowania gruntów

Tabela 17 wykazała, że 43,2% i 42,6% wykorzystywało ten sam hektar ziemi odpowiednio od 1-10 lat do 11-20 lat, podczas gdy 10,8% wykorzystywało ten sam hektar ziemi od 21-30 lat ze średnią 13,9 lat. Oznacza to, że ciągła działalność rolnicza na tej samej działce może spowodować utratę składników odżywczych w glebie i zmniejszenie plonów.

Tabela 17: Rozkład respondentów w zależności od czasu trwania ich użytkowania gruntów

| Czas trwania użytkowania gruntów (rok) | Częstotliwość: | Procent | Średnia |
|---|---|---|---|
| 1-10 | 76 | 43.2 | |
| 11-20 | 75 | 42.6 | |
| 21-30 | 19 | 10.8 | |
| 31 i wyżej | 6 | 3.4 | 13.9 |
| Razem | 176 | 100 | |

Źródło: Badanie terenowe, 2015 r.

### 4.1.15 Respondenci zgodnie z ich doświadczeniem w zarządzaniu gospodarstwem rolnym

Tabela 18 wykazała, że 3,4% miało 31-40 lat doświadczenia w zarządzaniu gospodarstwem, 12,5% miało 21-30 lat doświadczenia w zarządzaniu gospodarstwem, a 43,8% i 40,3% miało odpowiednio od 1-10 lat do 11-20 lat doświadczenia w zarządzaniu gospodarstwem. Średnie doświadczenie w zarządzaniu gospodarstwem wynosiło 14,2 roku, co oznacza, że większość rolników miała znaczne doświadczenie w zarządzaniu, które może mieć wpływ na zarządzanie gruntami, ochronę gleby i zwiększenie plonów.

Tabela 18: Rozkład respondentów w zależności od ich doświadczenia w zarządzaniu gospodarstwem.

| Doświadczenie w zarządzaniu gospodarstwem rolnym (rok) | Częstotliwość: | Procent | Średnia |
|---|---|---|---|
| 1-10 | 77 | 43.8 | |
| 11-20 | 71 | 40.3 | |
| 21-30 | 22 | 12.5 | |
| 31-40 | 6 | 3.4 | 14.2 |
| Razem | 176 | 100 | |

Źródło: Badanie terenowe, 2015 r.

### 4.1.16 Respondenci według poziomu dochodów brutto gospodarstw rolnych z produkcji manikusu cassava

Tabela 19 ujawniáa, Ĩe 1,1% respondentów miaáo dochody od N1000001, 4,0% mieĞciáo siĊ w przedziale od N10000 do N100000, a wiĊkszoĞü 72,2% mieĞciáo siĊ w przedziale od N101000 do N500000, podczas gdy Ğredni dochód brutto gospodarstw rolnych wynosiá N391 079,00k. Oznacza to, że produkcja manioku była w badaniu opłacalna, ale biorąc pod uwagę inne nakłady i czas trwania sezonu rolniczego, poziom dochodów może nie zachęcać rolnika do stosowania ekstensywnego systemu zarządzania gruntami, który może zwiększyć zbiory zderzakowe i podtrzymać produkcję. Chociaż to wspiera prace (Ikechukwu i Nwakwo, 2013), które mówią, że wyższe dochody dadzą rolnikom więcej pieniędzy na ewentualne przyjęcie praktyk zarządzania gruntami rolnymi. Dochód rolnika jest zatem bardzo istotny dla wpłynięcia na decyzję rolnika w zakresie praktyk gospodarowania gruntami.

Tabela 19: Rozkład respondentów w zależności od poziomu dochodów brutto z gospodarstwa rolnego.

| Poziom dochodu brutto gospodarstw rolnych (Naira) | Częstotliwość | Procent | Średnia |
|---|---|---|---|
| 10000-100000 | 7 | 4.0 | |
| 101000-500000 | 127 | 72.2 | |
| 501000-1000000 | 40 | 22.7 | |
| 1000001 i więcej | 2 | 1.1 | 391079.6 |
| Razem | 176 | 100 | |

Źródło: Badanie terenowe, 2015 r.

### 4.1.17 Respondenci w zależności od poziomu wyników

Tabela 20 wykazała, że 7,4% rolników uprawiających maniok produkowało od 31 do 40 ton manioku, a 27,3% z nich - od 10 do 20 ton. 26,7% wyprodukowało od 21 do 30 ton, a 14,8% rolników uprawiających maniok w przedziale 41-50 ton. Średnia produkcja manioku wyniosła 37,50 tony manioku, podczas gdy średnia wielkość gospodarstwa wynosiła 2,89 (tabela 2). Można wywnioskować, że rolnicy uprawiający maniok kasawę produkowali średnio 13 ton na hektar w sezonie rolniczym.

Tabela 20: Rozkład respondentów w zależności od ich wyników badania cassava.

| **Wydajność (tony) Średnia** | **Częstotliwość:** | **Procent** | |
|---|---|---|---|
| 10-20 | 48 | 27.3 | |
| 21-30 | 47 | 26.7 | |
| 31-40 | 13 | 7.4 | |
| 41-50 | 26 | 14.8 | |
| 51-60 | 21 | 11.9 | |
| 61 i więcej | 21 | 11.9 | 37.50 |
| Razem | 176 | 100 | |

Źródło: Badanie terenowe, 2015 r.

#### 4.1.18 Czynniki determinujące specyficzne dla danego gospodarstwa i czynniki społeczno-ekonomiczne, które wpływają na produkcję roślinną.

Z tabeli 21 dopasowano różne formy funkcjonalne dla determinanta produkcji roślinnej wśród rolników. Funkcjonalne formy loga liniowego, pół loga, wykładniczego i podwójnego, ale log podwójny został wybrany jako wiodące równanie ze względu na jego konformację do oczekiwania apriori w zakresie znaków i wielkości współczynnika, liczby znaczących zmiennych i współczynnika wielokrotnych oznaczeń (Olayemi i Olayide, 1981; Olagunju i in., 2010; i Oladeebo *i in.*, 2013). Wyniki regresji wykazały, że lata doświadczeń rolniczych były pozytywne (p<0,01), które potwierdzają wynik Adedokun i Ogunyemi (2013), że rolnicy mieli potencjał do stosowania i niestosowania zrównoważonych praktyk w swoim gospodarstwie, zwłaszcza jeśli wziąć pod uwagę lata doświadczeń. Wielkość gospodarstwa uprawianego, wykorzystane kredyty były dodatnie i istotne (p< 0,01). Czas trwania użytkowania ziemi miał ujemną zależność od produkcji roślinnej i był istotny (p<0,01), sposób uprawy przez rolnika był również istotny dodatnio (p<0,10). Oznacza to, że wzrost którejkolwiek z tych pozytywnych zmiennych przyniesie proporcjonalny wzrost poziomu produkcji roślinnej (Babalola *i in.*, 2013; Oyewo *i in.*, 2014), z wyjątkiem czasu trwania użytkowania gruntów, który może spowodować obniżenie poziomu produkcji z powodu ciągłego użytkowania tej samej części gruntów przez długi okres czasu bez umożliwienia rolnikom odpoczynku. Jest to również zgodne z pracami Oyekale, (2012). Uzyskana wartość R2 wynosząca 0,709 wskazuje, że 71% zmienności poziomu produkcji wiąże się z określonymi w modelu zmiennymi objaśniającymi, natomiast 29% mogłoby wyjaśnić zmienne, które nie zostały w nim ujęte.

Ponieważ doświadczenie rolnicze, wielkość gospodarstwa, czas trwania użytkowania gruntów, kredyt i sposób uprawy istotnie wpływają na produkcję manioku na badanym obszarze, przyjmuje się zatem hipotezę alternatywną (HA).

**Tabela 21: Uwarunkowania produkcji roślinnej na badanym obszarze**

| A Zmienna | Liniowa | Podwójny dziennik | Wykładniczy | Półwytrychowy |
|---|---|---|---|---|
| a = Stała | 5.667 | -0.026 | 1.053 | -76.858 |
| X1 = Doświadczenie rolnicze | 0.554***0 | .202***0 | .006***17 | .082*** |
| | (4.052) | (4.372) | (3.889) | (3.881) |
| X2 = Wielkość gospodarstwa | 3.814***0 | .531***0 | .041***43 | .873*** |
| | (4.207) | (8.004) | (3.939) | (6.946) |
| X3 = Poziom wykształcenia | -0.449 | -0.028 | -0.007 | -0.152 |
| | (-0.338) | (-0.448) | (-0.449) | (-0.026) |
| X4= Rodzaje własności gruntów | 1.704 | 0.089 | 0.013 | 12.188* |
| | (1.368) | (1.277) | (0.921) | (1.825) |
| X5 = Czas trwania użytkowania gruntów | -0,306*-0 | ,171***-0 | ,004*-14 | ,296*** |
| | (-1.800) | (-3.513) | (-1.898) | (-3.085) |
| X6 = Wiek respondenta | 0.093 | 0.177 | 0.002* | 5.867 |
| | (0.807) | (1.429) | (1.824) | (0.498) |
| X7 = Kredyt | 0.003***0 | .179***-0 | .000***15 | .552** |
| | (3.619) | (2.438) | (3.625) | (2.230) |
| X8 = Wykorzystanie siły roboczej | -1.643 | 0.010 | 0.021 | -2.564 |
| | (-0.438) | (0.262) | (0.491) | (-0.726) |
| X9 = Sposób uprawy | 5.137***0 | .047* | 0.062** | 4.048* |
| | (1.984) | (1.877) | (2.056) | (1.680) |
| R2 | 0.592 | 0.709 | 0.589 | 0.647 |

| F Statystyka | 26.808 | 44.860 | 26.408 | 33.793 |
|---|---|---|---|---|

Źródło: Analiza danych 2015.

* oznacza, p<0,10; ** oznacza, p<0,05; *** oznacza, p<0,01.

Uwaga: Wartości w nawiasach są wartościami t.

### 4.1.19 Regresja Tobitu w zakresie czynników warunkujących zrównoważone zarządzanie gruntami

Tabela 22 wykazała, że wielkość gospodarstwa i uprawy ciągłe są pozytywnie związane ze zrównoważonym zarządzaniem gruntami (SLM) na poziomie (p<0,05). Oznacza to, że istnieje prawdopodobieństwo wzrostu SLM przy wzroście zastosowania tych zmiennych (Yusuf *i in.*, 2011; Oloyede i in., 2014 oraz Agboola *i in.*, 2015), podczas gdy sposób uprawy i dochód brutto rolników mają negatywny związek i są istotne (p<0,05) dla zrównoważonego gospodarowania gruntami. Oznacza to, że wraz ze wzrostem dochodów rolników istnieje prawdopodobieństwo, że SLM nie zostanie wzmocniony. Może to wynikać z faktu, że dochód brutto gospodarstwa rolnego może nie zachęcać rolnika do prowadzenia ekstensywnego systemu gospodarowania gruntami, który może zwiększyć trwałość gruntów rolnych, chociaż nie było to zgodne z pracami (Ikechukwu i Nwakwo, 2013), ale uzgodnione z Ogbonna *et al.*, (2007) oraz Akinnagbe i Nmukoro (2011). Sposób uprawy ma również negatywny związek z SLM, co oznacza, że ponieważ sposób uprawy przez rolników jest stale praktykowany, istnieje prawdopodobieństwo, że zrównoważone zarządzanie gruntami nie zostanie wzmocnione. Może to wynikać z praktyk kulturowych rolnika polegających na stosowaniu lokalnych/ręcznych metod uprawy, do których są one przyzwyczajone. Nawozy i pestycydy są istotne odpowiednio na poziomie (p<0,01), podczas gdy obornik organiczny jest również istotny (p<0,10). Oznacza to, że wzrost każdej z tych zmiennych zwiększy poziom zrównoważonego zarządzania gruntami, ponieważ mają one pozytywny związek z SLM, jak podają Saka *et al.*, (2011).

**Tabela 22: Czynniki warunkujące zrównoważone gospodarowanie gruntami**

| Zmienna | Współczynnik | dysza/dx | Błąd | standardowyT-statystyka |
|---|---|---|---|---|
| Stały | 0.2022 | 0.0614 | 3.29 | |
| Z1 = Wiek | 0.0009 | 0.0009 | 0.0092 | 0.10 |
| Z2 = Doświadczenie rolnicze | 0.0009 | 0.0009 | 0.0012 | 0.77 |
| Z3 = Dochód | -0.0000**-00000**0 | .0000 | -2.48 | |
| Z4 = Wielkość gospodarstwa | 0.0193**0 | .0193**0 | .0079 | 2.45 |
| Z5 = Obornik organiczny | 0.0347*0 | .0347*0 | .0208 | 1.67 |
| Z6 = Aplikacja nawozu | 0,1707***0 | ,1707***0 | ,0273 | 6.25 |
| Z7 = Uprawa ciągła | 0.0494**0 | .0494**0 | .0222 | 2.22 |
| Z8 = Spływ erozyjny | 0.0188 | 0.0188 | 0.0220 | 0.85 |
| Z9 = Stosowanie pestycydów | 0.0807***0 | .0807***0 | .0253 | 3.20 |
| Z10 = Substancja organiczna | 0.0473 | 0.0473 | 0.0319 | 1.48 |
| Z11 = Sposób uprawy | -0.0524**-0 | .0524**0 | .0217 | -2.41 |
| Z12 = Poziom wykształcenia | 0.0033 | 0.00330 | .0116 | 0.28 |
| Sigma | 0.1223 | | | |
| Chi2 (12) | 61.99*** | | | |

Źródło: Analiza danych 2015.

* oznacza, p<0,10; ** oznacza, p<0,05; *** oznacza, p<0,01.

### 4.1.20 Wkład wskaźników SLM w niezrównoważone użytkowanie gruntów

Z tabeli 23 wynika, że odłogowanie gruntów przyczynia się w stosunkowo dużym stopniu do niezrównoważenia, ponieważ te same grunty rolne są okresowo wykorzystywane do działalności rolniczej, która powoduje wyczerpywanie się i degradację składników pokarmowych gleby (Oyekale, 2012). Zagęszczenie i ukorzenienie mają względny udział 3,47%, co przyczynia się do niezrównoważonego rozwoju, ponieważ wpływa na zdolność korzeni roślin do wnikania do gleby ze względu na jej twardość. Pokrycie resztkowe ma względny udział 3,47 %, co przyczynia się do niezrównoważenia, co świadczy o tym, że pozostałości powierzchniowe, mimo że są obecne, nie pokrywały prawidłowo gleby. Daje to miejsce na erozję wodną lub wiatrową, która przyczynia się również w stosunkowo 3,47% do niezrównoważonego rozwoju, do zmywania lub zdmuchiwania górnej warstwy gleby. Wszystkie wyżej wymienione wskaźniki przyczyniają się do wyższego odsetka gruntów niezrównoważonych na badanym obszarze. Intensywność wykorzystania łodygi, intensywność wykorzystania siły roboczej, intensywność wykorzystania gruntów, zysk z hektara, dynamika wzrostu upraw i wydajność pracy w najmniejszym stopniu przyczyniają się do niezrównoważonego rozwoju w badaniu - odpowiednio 1,7%, 1,8%, 2,3%, 2,3%, 2,6% i 2,6%. Oznacza to, że wskaźniki te w najmniejszym stopniu przyczyniają się do niezrównoważenia gruntów, co może mieć wpływ na produkcję roślinną i zwiększyć wydajność na badanym obszarze. Wynik ujawnił ponadto, że obliczony średni wskaźnik niezrównoważonego użytkowania gruntów (ULUI) wynoszący 0,2761 wykazał, że praktyki rolników w zakresie zarządzania gruntami na badanym obszarze są zasadniczo zrównoważone.

**Tabela 23: Wkład wskaźników zrównoważonego zarządzania gruntami w niezrównoważone użytkowanie gruntów**

| Wskaźniki SLM | Absolutny wkład | Względny wkład (%) |
|---|---|---|
| Wigor wzrostu upraw | 0.0072 | **2.607750815** |
| Trend wegetatywnych osłon | 0.0093 | 3.368344803 |
| Pokrycie resztki | 0.0096 | 3.477001087 |
| Wydajność upraw | 0.0081 | 2.933719667 |
| Wydajność pracy | 0.0074 | **2.680188338** |
| Zysk na hektar | 0.0064 | **2.318000724** |
| Zawartość materii organicznej | 0.0089 | 3.223469757 |
| Odprowadzanie/filtracja wody | 0.0095 | 3.440782325 |
| Pojemność zbiornika wodnego | 0.0093 | 3.368344803 |
| Agregacja gleby | 0.0095 | 3.440782325 |
| Dżdżownica/żywotność gleby | 0.0081 | 2.933719667 |
| Zagęszczanie i zakorzenienie | 0.0096 | 3.477001087 |
| Zaufanie/ nagły przypadek | 0.0090 | 3.259688519 |
| Pochylenie / wykonalność | 0.0094 | 3.404563564 |
| Erozja wiatrowa lub wodna | 0.0096 | 3.477001087 |
| Zasolenie | 0.0086 | 3.114813473 |

| | | |
|---|---|---|
| Aplikacja nawozu na poziomie działki | 0.0082 | 2.969938428 |
| Dodawanie obornika organicznego | 0.0083 | 3.006157189 |
| Mulczowanie upraw | 0.0095 | 3.440782325 |
| Uprawa minimalna | 0.0075 | 2.716407099 |
| Uprawy osłonowe | 0.0088 | 3.187250996 |
| Rotacja upraw | 0.0085 | 3.078594712 |
| Ugoda gruntowa | 0.0097 | 3.513219848 |
| Irygacja Poziom wody | 0.0079 | 2.861282144 |
| Irygacja Jakość wody | 0.0085 | 3.078594712 |
| Stosowanie pestycydów | 0.0096 | 3.477001087 |
| Stosowanie herbicydu | 0.0079 | 2.861282144 |
| Stosowanie trucizny chemicznej | 0.0075 | 2.716407099 |
| Zrzuty przemysłowe | 0.0089 | 3.223469757 |
| Intensywność użytkowania gruntów | 0.0065 | **2.354219486** |
| Intensywność wykorzystania siły roboczej | 0.0051 | **1.847156827** |
| Rodzaj sadzonek pędowych | 0.0089 | 3.223469757 |
| Intensywność wykorzystania łodygi | 0.0049 | **1.774719305** |
| Suma obliczeniowa (ULUI) | 0.2761 | 100 |

Obliczenia autorskie 2015

# ROZDZIAŁ PIĄTY

## PODSUMOWANIE, WNIOSKI I ZALECENIA

### 5.1 Podsumowanie

W badaniu podjęto próbę określenia zasad zrównoważonego zarządzania gruntami wśród drobnych rolników uprawiających maniok cassavę w stanie Oyo. Wieloetapowa technika pobierania próbek została zastosowana przy wyborze 176 rolników z Cassavy. Dane pierwotne zostały zebrane za pomocą dobrze skonstruowanego kwestionariusza, który był analizowany z wykorzystaniem analizy częstotliwości, opisowej, wielokrotnej, regresji tytońskiej i logiki rozmytej.

Do obliczenia złożonych wskaźników niezrównoważonego użytkowania gruntów (IULU) na podstawie wybranych wskaźników na poziomie gospodarstwa rolnego zastosowano metodę logiki rozmytej, a do określenia specyficznych dla danego gospodarstwa czynników społeczno-gospodarczych, które miały wpływ na produkcję manioku, zastosowano analizę regresji tobitowej do analizy czynników warunkujących zrównoważone zarządzanie gruntami. Wynik pokazuje, że całkowita wartość (IULU) wyniosła 0,2761, co wskazuje, że praktyki rolników w zakresie zarządzania gruntami na badanym obszarze są zasadniczo zrównoważone. Pokrycie resztkami, erozja wodna lub wiatrowa, odłogowanie gruntów, zagęszczanie i ukorzenianie, stosowanie pestycydów oraz drenowanie / przenikanie wody mają największy względny wkład w niezrównoważone gospodarowanie gruntami, natomiast intensywność użytkowania łodyg, intensywność pracy, intensywność użytkowania gruntów, zysk z hektara, siła wzrostu upraw i wydajność pracy najmniej przyczyniają się do niezrównoważonego gospodarowania gruntami. Również szacunkowe parametry z regresją wielokrotną wykazały, że wielkość użytkowanych gospodarstw rolnych, lata doświadczenia rolniczego, wiek rolników i dochód brutto rolników były dodatnio istotne ($p<0{,}01$), z wyjątkiem czasu użytkowania gruntów, który był ujemny, ale również istotny ($p<0{,}01$) dla produkcji roślinnej, sposób uprawy przez rolnika był również dodatnio istotny ($p<0{,}10$). R2 wynosił 71%, co wyjaśnia poziom zmienności produkcji roślinnej w wyniku zastosowania zmiennych objaśniających. Wynik Tobita ujawnił ponadto, że wielkość gospodarstwa, uprawy ciągłe, sposób uprawy i dochód brutto rolników są pozytywnie związane ze zrównoważonym zarządzaniem gruntami (SLM) na poziomie ($p<0{,}05$) również nawozy i pestycydy są istotne odpowiednio na poziomie ($p<0{,}01$), podczas gdy nawóz organiczny jest istotny na poziomie ($p<0{,}10$), co oznacza, że istnieje prawdopodobieństwo zwiększenia SLM przy wzroście stosowania tych zmiennych.

## 5.2 Włączenie

Studium bada determinanty zrównoważonego zarządzania gruntami wśród rolników uprawiających maniok cassavę na małą skalę. Uwzględniono w nim różne cele produkcyjne w systemie użytkowania gruntów przez rolników przy użyciu zestawów rozmytych. Pozwala to na zintegrowanie różnych właściwości danego gruntu we wskaźniku zespolonym, który odzwierciedla stopień degradacji w stosunku do gruntów rolnych. Odkryto, że wielkość gospodarstwa, ciągła uprawa, sposób uprawy, dochód brutto rolnika, nawóz, pestycydy i nawóz organiczny są głównym wyznacznikiem zrównoważonego zarządzania gruntami (SLM). Pokazało to, że istnieje prawdopodobieństwo wzrostu SLM przy wzroście zastosowania tych zmiennych w badaniu. Dalej odkryto, że doświadczenie rolnicze, wielkość gospodarstwa, kredyt i sposób uprawy przyczyniają się do wzrostu produkcji roślinnej, z wyjątkiem czasu trwania użytkowania gruntów, który zmniejsza produkcję. Również wydajność pracy, intensywność wykorzystania siły roboczej, intensywność użytkowania gruntów, zysk z hektara, intensywność wzrostu upraw i intensywność użytkowania łodyg również przyczyniają się do zrównoważonego zarządzania gruntami i zwiększają ochronę gleby oraz zmniejszają degradację gruntów na badanym obszarze.

## 5.3 Rekomendacje

Na podstawie wyników i ustaleń z badania zaleca się zatem, co następuje:

- Agencje rządowe, na których spoczywa odpowiedzialność za rozpowszechnianie informacji wśród rolników za pośrednictwem wydziałów ds. upowszechniania informacji, powinny zintensyfikować swoje wysiłki na rzecz podnoszenia świadomości poprzez masowe ukierunkowanie na potrzebę zaangażowania się rolników w zrównoważone praktyki rolne poprzez nieformalne szkolenia w celu stworzenia lepszego środowiska, które poprawi wydajność w obszarze studiów.
- Rolnikom należy pomóc poprzez wprowadzenie innego źródła wody poprzez FADAMĘ lub skierowanie pobliskiego strumienia lub zapewnienie zapór w formie irygacji, a nie uzależnienie od rolnictwa zasilanego deszczem, szczególnie w obecnej erze zmian klimatycznych i globalnego ocieplenia.
- Rolnicy" powinni być zniechęcani do ciągłego użytkowania gruntów rolnych przez długi okres czasu.
- Biorąc pod uwagę inne środki produkcji i czas trwania sezonu rolniczego, poziom dochodów może nie zachęcać rolnika do prowadzenia ekstensywnego systemu zarządzania gruntami,

dlatego też rząd powinien pomagać drobnym rolnikom w uzyskaniu dostępu do mikrokredytów za pośrednictwem banków rolniczych w celu ochrony środowiska i zarządzania gruntami.

- Należy zachęcać rolników do stosowania systemu uprawy minimalnej.
- Należy zachęcać do stosowania dobrych praktyk kulturowych w zakresie zapobiegania erozji.
- Rolnicy powinni być zachęcani do intensywnego stosowania przyjaznych dla środowiska hybryd cassava i stosowania nawozów w celu zwiększenia produkcji i lepszego zrównoważenia gruntów.
- Rolnicy powinni być zachęcani do stosowania ulepszonych technologii mechanicznych w swoim sposobie uprawy.
- Należy organizować seminaria dla rolników na temat sposobu stosowania środków chemicznych do specyfikacji.

## 5.4 Wkład w wiedzę

a. Badanie potwierdziło, że większość rolników nadal wierzy w lokalne/ręczne sposoby uprawy ziemi uprawnej na badanym obszarze

b. Zastosowanie logiki rozmytej pomaga w uchwyceniu wielu reakcji ze strony rolnika, umożliwia jednoczesne rozważenie różnych wskaźników użytkowania gruntów, a także wyjaśnia wkład wskaźników w zrównoważony rozwój rolnictwa.

c. Decyzja o zastosowaniu określonych praktyk zarządzania gruntami zwiększy zdolność rolników do podejmowania działań interwencyjnych w zakresie zrównoważonego zarządzania gruntami, ponieważ rolnicy są w stanie utrzymać swoje grunty poprzez stosowanie nawozów organicznych i nawozowych, co w badaniu zwiększa ciągłość upraw na gruntach rolnych.

## 5.5 Suggestie do dalszych badań

- Badanie mogłoby zostać przeprowadzone w każdej ze stref rolniczych państwa oraz w innych państwach w kraju.
- Należy stosować zrównoważone praktyki zarządzania gruntami wśród innych upraw żywnościowych w zachodniej Nigerii.
- Należy również zbadać wpływ praktyk zrównoważonego zarządzania gruntami na wydajność produkcji rolnej.
- Podobnie, należy ustanowić powiązania między praktykami zrównoważonego zarządzania gruntami a ograniczaniem ubóstwa wśród rolników uprawiających maniok w stanie Oyo.

## REFERENCJE


Adepoju, S.O. (1994). Płeć, praca i ludność w Afryce Subsaharyjskiej. Publikacja Heinemana, Ibadan Pp. 18

Adedokun A.S. i Ogunyemi, O.I. (2013). Zrównoważone praktyki rolnicze i rolnicy uprawiający rośliny uprawne

Produktywność w stanie Lagos, Nigeria. *Journal of Sustainable Development in Africa*, Volume 14, No.5.

Agbonlahor, M.U.; Aromolaran, A.B i Aiboni, U (2003) "Sustainable Soil Management Practices". Małych Farmerów z Południowej Nigerii: A Poultry-Food Crop Integrated Farming Approach" *Journal of Sustainable Agriculture,* 22(4): 51-62. listopad 2003 r.

Agboola, W.L.; Yusuf. A.L; Oyekale A.S; Salman, K.K (2015). Uwarunkowania gospodarki gruntami Praktyki stosowane przez rolników uprawiających rośliny spożywcze w północno-środkowej Nigerii. Journal of Environment and Earth Science. Vol.5, No.21,36-44

Ahmad, B., Kharal, A., (2009) On fuzzy soft sets, Advances in Fuzzy Systems, pp1-6.

Aimee Russillo i László Pintér (2009), Linking Farm-Level Measurement Systems to Zrównoważony rozwój w zakresie ochrony środowiska Wyniki: Wyzwania i drogi rozwoju, *Międzynarodowy Instytut na rzecz Zrównoważonego Rozwoju (IISD)*

Ajayi, O.C. (2007). Akceptowalność przez użytkowników zrównoważonych technologii nawożenia glebami: Lekcje z

Wiedza, postawa i praktyka rolników w Afryce Południowej. *Journal of Sustainable Agriculture* 30 (3): 21-40.

Akinnagbe, O.M i Umukoro, E. (2011): Postrzeganie przez rolników skutków degradacji gruntów w sprawie aktów prawnych dotyczących rolnictwa w regionie Etiopii Wschodniej Samorządu Lokalnego Stanu Delta, Nigeria. *Dzienniki naukowe Chorwacji,* 76(2)135 -141.

Akinola, A.A., Baruwa, I. O., Ayodele, O. O. i Owombo, P. T (2015). Czynniki determinujące glebę praktyki kierownictwa wśród dochodów gospodarstw domowych w stanie Oyo w Nigerii. *Ife Journal of Agriculture.* 23(1):104-116, DOI:10.13140/RG.2.1.3576.7207, 18pp

Ali, M. (1996). Ograniczenia instytucjonalne i społeczno-gospodarcze dotyczące zieleni Drugiego Pokolenia

Rewolucja: Studium przypadku dotyczące produkcji ryżu basmati w pakistańskim Pendżabie, Econ. Dev. Kult. Zmiana 43: 835-861.

Amao J.O., Ayantoye K. i Aluko A.M (2013). Degradacja ziemi, ochrona gleby i ubóstwo status rolników w stanie Osun, Nigeria. *International Journal of Science, Environment and Technology*. 2(6) 1205-1231.

Antman, F., Mckenzie, D., (2005). "Pułapki na ubóstwo i nieliniowa dynamika z błędem pomiaru". i indywidualnej heterogeniczności", mimeo, Uniwersytet Stanforda.

Arellanes, P., i D.R. Lee.(2003). Czynniki warunkujące przyjęcie zrównoważonego rolnictwa Technologie. Dokument przedstawiony na 25. konferencji Międzynarodowego Stowarzyszenia Ekonomistów Rolnictwa, Durban, Republika Południowej Afryki, sierpień 2003.

Asuming-Brempong, Samuel (2010) Land Management Practices and Their Effects on Food. Plakat "Plony upraw w Ghanie" zaprezentowany na wspólnej 3. konferencji Afrykańskiego Stowarzyszenia Ekonomistów Rolnictwa (AAAE) i 48. konferencji Południowoafrykańskiego Stowarzyszenia Ekonomistów Rolnictwa (AEASA), Kapsztad, Republika Południowej Afryki, 19-23 września 2010 r.

Awoyinka, Y.A., (2009). Wpływ inicjatyw prezydenckich na efektywność produkcji Cassava w Oyo Stan - Nigeria. Ozean J. Appl. Sci., 2(2): 185-193.

Aygünoglu, A. Aygün, H., (2009) Introduction to fuzzy soft groups, Computers and Mathematics with Zastosowania 58, 1279-1286.

Babalola D. A. i Olayemi, J. K., (2013), "Determinants of farmers' preference for sustainable". praktyki zarządzania gruntami w zakresie produkcji kukurydzy i manioku w stanie Ogun w Nigerii" Zaproszony referat przedstawiony na 4. międzynarodowej konferencji Afrykańskiego Stowarzyszenia Ekonomistów Rolnictwa, 22-25 września 2013 r., Hammamet, Tunezja

Balakrishnan R. (2004). Pogłębiające się luki w rozwoju technologicznym i transferze technologii do wspierać wiejskie kobiety. Hills Lease held Forestry and for Age Development Project Nepal (GEPMEP/052 NET).

Blaikie, P. i H. Brookfield (1987): degradacja ziemi i społeczeństwa. Londyn: Methuen.

Braimoh AK, Paul L, Vlek G, Alfred S (2004). Ocena gruntów w przypadku kukurydzy na podstawie zestawu rozmytego oraz

interpolacja. *Zarządzanie środowiskowe,* 33(2):26 - 238.

Betti, G., Cheli, B., Lemmi, A. i Verma V., (2005). Podejście Fuzzy do wielowymiarowego ubóstwo: przypadek Włoch w latach 90-tych. Dokument przedstawiony w "The measurement of multidimensional poverty, theory and evidence. Brasilia, sierpień 29-31, 2005.

Cagman, N., Enginoglu, S.,(2010a) Soft set theory and uni-int decision making, European Journal of

Badania operacyjne, DOI: 10.16/j.ejor.2010.05.004.

Cerioli A, Zani S (1990). Rozmyte podejście do pomiaru ubóstwa. W: C Dagum, M Zenga (Eds.): *Dystrybucja dochodów i bogactwa, nierówność i ubóstwo*. Berlin: Springer Verlag, str. 272- 284.

Dagum, M, Costa, C (2004). "Analiza i pomiar ubóstwa jedno- i wielowymiarowy". podejścia i ich konsekwencje dla polityki: A case study of Italy" In Dagum C. and Ferrari G. (eds.); Household Behaviour, Equivalence Scales, Welfare and Poverty, Springer Verlag, Niemcy.

Dan, R., Phil, W., Trevor, Y i Michael B, (2001), Budowa wskaźnika poziomu gospodarstwa rolnego na poziomie

zrównoważona praktyka rolnicza, *Ekonomia ekologiczna 39(2001)463-478*

Deschrijver, G.,(2007) Arithmetic operators in interval-valued fuzzy set theory, Information Sciences, 177, 2906–2924.

De Souza Filho, H.M., T. Young, i M.P. Burton.(1999). Czynniki wpływające na przyjęcie Zrównoważone technologie rolnicze: Dowody ze stanu Esparto Santo, Brazylia. *Prognozowanie technologiczne i zmiany społeczne* 60 (2): 97-112.

Dent, D. & Young, A. (1981). Badanie gleby i ocena gruntów. George Allen i Uniwin: Boston

Doran, J. W i T. B Parkin (1994): Zdefiniowanie jakości gleby dla zrównoważonego środowiska: W glebie

Specjalna publikacja Science Society of America 35ed. Doran i inni, 3-22. Madison, W. I. Soil Science Society of America.

Dorward, A., Kydd, J., Poulton, (2005).Ryzyko koordynacji i wpływ kosztów na rozwój gospodarczy w Biednej Wsi. Konferencja Rolniczego Towarzystwa Ekonomicznego, kwiecień 2005, Nottingham.

Dumanski, J. i Smyth, A.J.(1994). Kwestie i wyzwania związane ze zrównoważonym zarządzaniem gruntami.

Proc. International Workshop on Sustainable Land Management for the 21st Century. W Wood, R.C. i Dumanski, J. (eds). Vol. 2: Plenarne Papers. Kanadyjski Instytut Rolniczy, Ottawa. 381pp.

Dumanski, J. i C. Pieri, (1998). Program wskaźników jakości ziemi (LQI): Plan badań. Ziemia Wskaźniki jakości - Sympozjum Satelitarne. 16. Światowy Kongres Nauk o Glebie, Montpellier, Francja (niepublikowane).

Duncan, D.N. (2008). Adekwatność wskaźników odpowiedzi do badań internetowych i papierowych: co można zrobić?

*Ocena i ewaluacja w szkolnictwie wyższym* 33(3) 301-314

FAO. (1976). Ramy dla oceny gruntów. Biuletyn glebowy FAO 32, Rzym

FAO. (1984). Wytyczne: wycena gruntów dla rolnictwa zasilanego deszczem. Biuletyn FAO o glebach 52, Rzym.

FAO, (1989). Zrównoważona produkcja rolna: wpływ na rolnictwo międzynarodowe Badania. Techniczny Komitet Doradczy, CGIAR. Praca badawcza i techniczna FAO nr. 4. FAO, Rzym.

F.A.O. (1994): "F.A.O. w pracy". Biuletyn nr 94/1, Waszyngton. DC.

FAO, (2003). Bilanse żywności w kraju: Baza danych FAOSTAT. www.fao.org.

FAO. (2009). Narzędzie wsparcia dla krajów - dla zwiększenia zrównoważonego zarządzania gruntami w Sb-Sharan

Arica. Organizacja Narodów Zjednoczonych ds. Wyżywienia i Rolnictwa, Rzym, Włochy.

F.A.O. (2013): FAOSTAT http: faostat.fao.org/default.htmm

Fabiyi Y.L (1990), *Polityka gruntowa dla Nigerii: kwestie i perspektywy.* Wykład Inauguracyjny

wydana na Uniwersytecie Obafemi Awolowo, Ile Ife 12 czerwca 1990 roku. 22pp.

Fakoya E.O, Agbonlahor M.U, Dipeolu AO (2007). Postawa kobiet rolników wobec praktyki zrównoważonego zarządzania gruntami w południowo-zachodniej Nigerii. *World Journal of Agricultural Sciences,* 3(4): 536-542.

Federalny Urząd Statystyczny (FOS) (1996), Nigeria Human Development Report (NHDR) Projekt sprawozdania

Lagos, Nigeria.

Feng F., Jun, Y. B., Liu, X., Li, L., (2010) Regulowane podejście do podejmowania decyzji w oparciu o miękkie zestawy rozmyte

making, Journal of Computational and Applied Mathematics 234, 10-20.

Feller, C. (1993). Wkłady organiczne, materia organiczna gleby i funkcjonalne przedziały organiczne gleby w gleby gliniaste o niskiej aktywności w strefach tropikalnych. W Mulongoy, K i R. Merckx (eds), Dynamika materii organicznej gleby i zrównoważony rozwój rolnictwa tropikalnego. IITA/K.U. Leven. A Wiley-Sayce Co-publication. Pp77-88.

Freenstra, G. (1997). Czym jest zrównoważone rolnictwo? UC badania nad zrównoważonym rolnictwem oraz
program edukacyjny, Uniwersytet Kalifornijski, davis www.sarep.ucdavis.edu/serach.html.

Gallopı′n, G., (1997). Wskaźniki i ich zastosowanie: informacje do celów podejmowania decyzji. W: Moldan, B..,
Billharz, S. (Eds.), Wskaźniki zrównoważonego rozwoju. Raport z realizacji projektu dotyczącego wskaźników zrównoważonego rozwoju. Wiley, Chichester.

Gameda S, Dumanski J i D. Acton (2000) Wskaźniki poziomu gospodarstw rolnych w zakresie zrównoważonego zarządzania gruntami
w sprawie rozwoju systemów wsparcia decyzji, s. 1-9.

Glenn, N.A., i Pannell, D.J., (1998). Ekonomia i stosowanie wskaźników zrównoważonego rozwoju w ramach projektu "The Economics and Application of Sustainability Indicators in
Agriculture, Paper presented at the 42nd Annual Conference of the Australian Agricultural and Resource Economics Society, University of New England, Armidale, 19-21 Jan 1998.

Idachaba, f. S (1987). Kwestie zrównoważonego rozwoju w rozwoju rolnictwa. Kontynuacja [7.]
Sympozjum sektora rolniczego. Bank Światowy w Waszyngtonie.

Ikechukwu, I. I i Nwankwo, O.C. (2013), Społeczno-ekonomiczne uwarunkowania gospodarki gruntami rolnymi
praktyki w Umuahia North, stan Abia, Nigeria. *Journal of Agriculture and Social Research,* 13(1) 50-55.

Jansen, H.G.P., J. Pender, A. Damon i R. Schipper. (2006). Decyzje dotyczące gospodarki gruntami oraz
Produktywność rolnicza na zboczach Hondurasu. Dokument przedstawiony na konferencji Międzynarodowego Stowarzyszenia Ekonomistów Rolnictwa, Złote Wybrzeże, Australia, 12-18 sierpnia 2006 r.

Jun, Y. B., (2009) Generalizacje rozmytych subalgebras w BCK/BCI-algebras, Computers i
Matematyka z zastosowaniami 58, 1383-1390.

Jun, Y. B., Lee, K. J., Park, C. H., (2010b) Fuzzy soft set theory applied to BCK/BCI-algebras,
Komputery i matematyka z aplikacjami 59, 3180-3192.

Kalayathankal, S. J., Singh, G. S., (2010) A fuzzy soft flood alarm model, Mathematics and Komputery w symulacji 80, 887-893.

Kang, B. T. (1993). Zmiany właściwości chemicznych gleby i wydajności upraw z ciągłym uprawiając na entisolu w wilgotnych tropikach. W Mulcongoy, K. i R. Merckx (eds), dynamika materii organicznej gleby i zrównoważony rozwój rolnictwa tropikalnego. IITA/K.U. Leven. A Wiley Sayce Co-publication. Pp297-305.

Keaney, D. R. (1989). W kierunku zrównoważonego rolnictwa: potrzeba wyjaśnienia pojęć i terminologia. Jestem J. Agric. Vol. 4:101-105.

Keshavarzi, A., & Sarmadian, F. (2009). Badanie skuteczności teorii zbiorów rozmytych w ziemi ocena przydatności nawadnianej pszenicy w obwodzie Qazvin przy użyciu procesu hierarchii analitycznej (AHP) i metod regresji wielowymiarowej. Proc. "Pedometrics 2009" Conf, 26-28 sierpnia, Pekin, Chiny.

Key, N. i W. Mcbride, (2003). Kontrakty produkcyjne i produktywność w amerykańskim sektorze wieprzowym". Am.
J. Agric. Econ., 85 (1): 121-133.

Kharal, A., Ahmad, B., (2009) Mappings on fuzzy soft classes, Advances in Fuzzy Systems, 1-1.

Król Elizabeth M. i Mason Andrew, D. (2000), Engendering Development through Gender Equality in Rights and Voice Policy Research on Gender and Development Working Paper Series No.1.

Kong, Z., Gao, L., Wang, L., (2009) Comment on -A fuzzy soft set theoretic approach to decision robiąc problemy. Journal of Computational and Applied Mathematics, 223 (2), 540-542.

Kurtener, D., Kruger-Shvetsova, E., i Dubitskaia, I. (2004). Oszacowanie jakości danych Odbiór. W UDMS, UDMS Press, Giorggia-Venice. Pp. 9101-9109.

Lal, R. (1995), jakość i trwałość gleby. W metodach oceny degradacji gleby ed

Lal, R. (1987). Zarządzanie glebami Afryki Subsaharyjskiej. Nauka 236:1069-1076

Lal, R (ed) (1988), "Soil Erosion Research Method" Ankenny *Ochrona gleby i wody*, Lowa 244 str.

Larson, W. E i F. J. Pierce (1991): ochrona i poprawa jakości gleby. W ocenie na rzecz zrównoważonego zarządzania gruntami w krajach rozwijających się.

Liu, J.H., Yan, R.X., Yao, B.X., (2008) Fuzzy soft sets and fuzzy soft groups, In: Kontrola i

Konferencja w sprawie decyzji (CCDC 2008), s. 2626-2629.

Maji, P.K., Biswas, R., Roy, A.R., (2001a) Fuzzy soft sets, Journal of Fuzzy Mathematics, 9 (3), 589-602.

Maji, P.K., Biswas, R., Roy, A.R., (2001b) Intuicyjnie miękkie zestawy rozmyte, *Journal of Fuzzy Matematyka*, 9 (3), 677-691.

Majumdar, P., Samanta, S. K., (2010) Generalised fuzzy soft sets, Computers and Mathematics with Wnioski 59, 1425-1432.

Masterson, T. (2007). Produktywność, wydajność techniczna i wielkość gospodarstwa w rolnictwie parapuajskim.

The Levy Economics Institute of Band College - dokument roboczy nr 490.

Menale Kassie, Moti Jaleta, Bekele Shiferaw, Frank Mmbando i Geoffrey Muricho (2012), Działka oraz czynniki determinujące zrównoważone praktyki rolnicze w Tanzanii na poziomie gospodarstwa domowego. Środowisko dla rozwoju, seria referatów dyskusyjnych EFD DP 12-02. Pg 1-45

Mollel NM, Mtenga NA (2000). Role płci w gospodarstwie domowym i systemach rolniczych Techenzema, Morogoro-Tanzania. *South African Journal of Agricultural Extension*,29: 73-88.

Moore A. l (2000): Gleba mikrobiologiczna biomasa węgiel i azot, na które mają wpływ systemy uprawowe.

Biologia i żyzność gleb 31:200-210.

Morris, M., V.A. Kelly, R.J. Kopicki i D. Byerlee. (2007). Zastosowanie nawozów w rolnictwie afrykańskim:

Wyciągnięte wnioski i wytyczne dotyczące dobrych praktyk. Washington, DC: WorldBank.

Moxey, A., (1998). Kwestie przekrojowe w opracowywaniu wskaźników rolno-środowiskowych. Papier

Prezentowany na sesji plenarnej 1 sesji plenarnej OECD poświęconej wskaźnikom rolno-środowiskowym, York, 22-25, 1998.

Mukherjee, A., Chakraborty, S.B.,(2008) O intuicyjnych, rozmytych, miękkich relacjach. Biuletyn Kerala

Stowarzyszenie Matematyczne, 5 (1), 35-42.

Krajowa Rada ds. Badań Naukowych. (2000). Ekologiczne wskaźniki dla narodu. Washington, DC, Prasa Akademii Narodowej, 180 stron.

Neill, S.P, i D.R. Lee. (2001). Wyjaśnienie przyjęcia i odrzucenia koncepcji zrównoważonego rozwoju Rolnictwo: Sprawa Cover Crops w północnym Hondurasie. *Rozwój gospodarczy i zmiany kulturowe* 49 (4): 793-820.

Obatolu, C.R. i Agboola, A.A. (1993). "Potencjał Siam Weed (*Chromolaena odorata*) jako źródło materii organicznej dla gleb w wilgotnych tropikach". W: Mulongoy, K. i Merckx R. (eds). Dynamika materii organicznej gleby i zrównoważony rozwój rolnictwa tropikalnego. IITTA/K. U Leuven. John Wileyand Sons N.Y. pg 89-99.

Odua, (2014). Odua investment company limited, oficjalna strona internetowa. http://oduainvestment.com.ng/portfolio-item/oyo-state/

Ogbonna, K.I; Idiong, I.C i Ndifon, H.M (2007). Przyjęcie gospodarki gruntowej i ochrony gleby Technologie opracowane przez Small Scale Crop Farmers w południowo-wschodniej Nigerii: Skutki dla zrównoważonej produkcji roślinnej. *Agricultural Journal*, 2(2): 294-298.

Ogundele O.O. i Yusuf S.A. (2004): Płeć i wydajność techniczna w produkcji ryżowej *Nigeryjski Journal of Rural Sociology* Volume 4 Numbers 1 and 2 July pp.10-17.

Ogunkunle, A. O. (2004). "Badanie gleby i zrównoważona gospodarka gruntami". Dokument przedstawiony na stronie

Doroczna Konferencja Towarzystwa Gleboznawstwa w Nigerii Abeokuta 24 str.

Ohadike, D.C., (2007). Pandemia grypy w latach 1918-19 i rozprzestrzenianie się uprawy manioku na niższym Nigrze. Studium na temat powiązań historycznych. *J. Afr. Historia*, 22: 379-391.

Ojo, M. A., U. S. Mohammed, A. O. Ojo, i R. S. Olaleye., (2009), "Return to scale and Determinants of farm level technical inefficiency among small scale yam-based farmers in Niger state, Nigeria: implications for food security" *International Journal of Agriculture Economics and Rural Development (IJEARD) 43- 51.*

Oksana, N., (2005). Małe gospodarstwa rolne: Aktualny stan i kluczowe trendy. W postępowaniach w sprawie

Warsztaty badawcze na temat przyszłości małych gospodarstw rolnych Wye, Uk Zorganizowane przez Międzynarodowy Instytut Badawczy Polityki Żywnościowej (IFPRI)/2020 oraz Zamorski Instytut Rozwoju (ODI) Imperial College, Londyn

Okigbo, B. N. (1991). Rozwój zrównoważonej produkcji rolnej w Afryce: rola międzynarodowe ośrodki badawcze w dziedzinie rolnictwa.

Okunade, S.O i Williams, J.O (2014). *Rolnictwo w Nigerii*: problemy, konsekwencje i droga

Do przodu. [1. edycja], prasa Adewumi, 99pp.

Oladeebo, J.O., Oyeleye., A.A i Oladejo, M.O (2013). Wpływ inwestycji w ochronę gleby na Wydajność produkcji Cassava w stanie Oyo w Nigerii. *Journal of Biology, Agriculture and Healthcare* 3(13) 47-52.

Olagunju, F.I i Sanusi W.A (2010). Ożywienie gospodarcze podwórkowego królika na rzecz samowystarczalności
w stanie Oyo, w Nigerii. *African Journal of Agricultural Research* Vol. 5(16), str. 2232-2236.

Olarinde, L.O (2008). Analiza różnic w wydajności technicznej wśród rolników uprawiających kukurydzę w Nigerii,
sprawozdanie końcowe przedłożone afrykańskiemu konsorcjum badań gospodarczych, przedstawione podczas corocznych warsztatów, 31 maja - 5 czerwca 2008 r. w Ugandzie. 31pp

Olawoye, J.E. (1994): "Analiza sytuacji kobiet w Nigerii i żeńskiego dziecka": Sprawozdanie z sektora produkcji rolnej i wydajności obszarów wiejskich dla WORDOC Co-ordinated study dla UNICEF.

Olayide, S., Eweka, J., Bello-Osagie, V.,(1980): Nigeryjscy Mali Rolnicy: Problemy i perspektywy w zintegrowanym rozwoju obszarów wiejskich. Centrum Rozwoju Obszarów Wiejskich i Rolnictwa (CARD), Uniwersytet w Ibadanie, wydawca w Nigerii.

Olayide, S. O., Olayemi, J. K. i Eweka, J. A.(1981): Perspektywy w rzece Benin-Owena Basen Development by Centre for Agricultural and Rural Development Department of Agricultural Economics, University of Ibadan, Ibadan, Nigeria. Pp.25-50.

Oloyede, A.O; Muhammad-Lawal, A; Ayinde, O.E; oraz Omotesho, K. F (2014). Analiza gleby Praktyki zarządzania systemami produkcji zbożowej wśród drobnych producentów rolnych w stanie Kwara. *Rolnictwo i technologia produkcji,* 10 (1): 164-174.

Oluwemimo. O., (2010) Stymulowanie zatrudnienia na obszarach wiejskich i dochodów z manioksu *(Manihot sp. z o.o.)*
przetwarzanie gospodarstw rolnych w stanie Oyo w Nigerii poprzez inicjatywy polityczne *Dziennik Rozwoju i Ekonomii Rolnictwa* Vol. 2(2), str. 018-025

Opara-nadi, O. A. (1993). Działanie (chromolaena odorata) jako źródło materii organicznej dla gleb w wilgotne tropiki z trawy słoniowej i plastikowych ściółek na właściwościach gleby oraz plony cowpea na ultizolu w południowo-wschodniej Nigerii.

Oyekale A.S (2012). Fuzzy Indicator of Sustainable Land Management and Its Correlates in Stan Osun, Nigeria. *J Hum Ecol, 39(3): 175-182.*

Oyewo, I. O, Raufu.M.O, A.A.A. Adesope, Akanni.O.F. Adio, A.B (2014) "Factors Affecting Maize".

Produkcja w Oluyole Local Government Area, Oyo State" *Scientia Agriculturae*. 3 (2), 2014: str: 70-75.

Pender, J., F. Place, i S. Ehui. (2006). Strategie zrównoważonego zarządzania gruntami na wschodzie African Highlands. Washington, DC: International Food Policy Research Institute.

Raufu, M.O i Adetunji, M.O (2012). Czynnik warunkujący praktyki gospodarowania gruntami wśród upraw

rolników w południowo-zachodniej Nigerii. *Global Journal of Science Frontier Research in Agriculture and Biology*. 12(1) 8-14.

Roy, A.R., Maji, P.K. (2007). Rozmyte, miękkie, teoretyczne podejście do problemów decyzyjnych. Journal of Computational and Applied Mathematics, 203, 412-418.

Saka, J.O; Okoruwa, V.O; Oni, O.A i Oyekale, A.S (2011). Struktura i czynniki determinujące Intensywność użytkowania gruntów przez rolników uprawiających rośliny spożywcze w południowo-zachodniej Nigerii. *Journal of Agricultural Science* Vol. 3, (1): 194-205

Sanchez, J. F. (2007). Możliwość zastosowania opartych na wiedzy i rozmytych podejść teoretycznych do

Nadaje się do uprawy ryżu i gumy na terenach górskich. M.Sc. Thesis, ITC, The Netherland.

Saito, K. (1994). Zwiększanie produktywności kobiet pracujących na roli w Banku Światowym Afryki Subsaharyjskiej

Dokument do dyskusji N0 230.

Scoones, I., i C. Toulmin. (1999). Polityka w zakresie zarządzania płodnością gleby w Afryce. Raport przygotowany dla Zakładu Rozwoju Międzynarodowego, Międzynarodowego Instytutu Środowiska i Rozwoju. Londyn: DFID, IIED.

Shahbazi, F., Jafarzadeh, A. A., Sarmadian, F., Neyshaboury, M. R., Oustan, S., Anaya-Romero, M., Lojo, M., & De la Rosa D. (2009). Wpływ zmian klimatu na zdolność gleby przy użyciu microLEIS DSS. Int. agrofizyka, 23, 277-286.

Smaling, E.M.A., S.M. Nadwa, i B.H. Janssen. (1997). Płodność gleby w Afryce jest na stosie. Na stronie

*Replenishing Soil Fertility in Africa*, redagowane przez R.J. Buresh, P.A. Sanchez i F. Calhoun. Publikacja specjalna, nie. 51. Madison, WI, USA: Soil Science Society of America.

Somda, J., A.J. Nianogo, A. Nassa i S. Sanov. (2002). Zarządzanie płodnością gleby i socjo-Czynniki ekonomiczne w systemach upraw roślinnych w Burkina Faso: Studium przypadku technologii kompostowania. *Ekonomia ekologiczna* 43: 175-83.

Son, M.J., (2007) Interval-valued fuzzy soft sets, Journal of Fuzzy Logic and Intelligent Systems, 17 (4), 557-562.

Spencer, D. S. C. i Swift, M. J. (1992). Zrównoważone rolnictwo: Definicja i pomiar, SSSA (Soil Science Society of America) (1995). Oświadczenie SSSA w sprawie jakości gleby.

Sulo, T i Chelangat, S (2012), An econometrics assessment of food security estimation using fuzzy Logika: Sprawa na jałowych i półjałowych ziemiach Kenii. *Globalne czasopismo o granicy nauki badania w dziedzinie rolnictwa i nauk weterynaryjnych*. 12(9), 6.

Tang, H., Debaveye, J., Ruan, D., i Van Ranst, E. (1991). Klasyfikacja przydatności gruntów w oparciu o na temat teorii fuzzy seta. Pedologie, 3, 277-290.

Tang H, Van Ranst E (1992). Testowanie teorii zbiorów rozmytych w ocenie przydatności gruntów do zasilania w wodę deszczową produkcja kukurydzy ziarnistej. *Pedologie*, 41(2): 129-147.

Tenge, A.J., J. De Graaff, i J.P. Hella. (2004). Czynniki społeczne i gospodarcze, które mają wpływ Przyjęcie ochrony gleby i wody na Wyżynie West Usambara w Tanzanii. *Degradacja i zagospodarowanie terenu* 15: 99-114.

Van Ranst, E., Tang, H., Groenemans, R. i Sinthurahat, S. (1996). Zastosowanie logiki rozmytej do przydatność gruntów do produkcji gumy w Peninsular Thailand. Geoderma, 70, 1-19.

Woodfine, A. (2009). Stosowanie praktyk zrównoważonej gospodarki gruntami w celu dostosowania się do klimatu i łagodzenia jego skutków zmiana w Afryce Subsaharyjskiej. Przewodnik po zasobach, wersja 1, regionalne zrównoważone zarządzanie gruntami w TerrAfryce. Dostępny na stronie internetowej http://www.terrafrica.org.

Bank Światowy. (1997). Poszerzenie miary bogactwa. Wskaźniki zrównoważenia środowiskowego rozwój. Bank Światowy, Waszyngton DC.

Bank Światowy, (2002). Wskaźniki rozwoju światowego, Bank Światowy. Washington DC.

Bank Światowy, (2006). Międzynarodowy Bank Odbudowy i Rozwoju, Bank Światowy. Waszyngton

Xiao, Z., Gong, K., Zou, Y., (2009) Podejście do prognozowania łączonego w oparciu o zestawy fuzzy soft, Journal of Computational and Applied Mathematics 228, 326-333.

Yang, X., Yu, D, Yang, J., Wu, C., (2008) Fuzzy soft set i soft fuzzy set, Fourth International Conference on Natural Computation (ICNC '08), Vol. 6, pp: 252-255, TO JEST.

Yang, X., Lin, T. Y., Yang, J., Li, Y., Yu, D., (2009) Kombinacja interwałowego zestawu rozmytego i soft set, Computers and Mathematics with Applications, 58, 521-527.

Młody, A. (1989). Agroleśnictwo dla ochrony gleby. Wallingford, Wielka Brytania/Nairobi, Kenia: CAB

międzynarodowy/ICRAF.

Yusuf S.A.; Odutuyo O.E. i Ashagidigbi W. M. (2011). Intensyfikacja rolnictwa i ubóstwo w Stan Oyo. Światowe obserwacje obszarów wiejskich. 3(4):98-106.

Zadeh L. A (1965). Fuzzy sets. Informacja i kontrola, 8, 338-353.

Zeleney M. (1991), Fuzziness, Knowledge and Optimization. New Optimality Concepts. W Delgado, M.et al (1994), Fuzzy optimization. Ostatnie awanse. Physica -verlag: Firma Springer Verlag.

ANKIETA

**UWARUNKOWANIA ZRÓWNOWAŻONEJ GOSPODARKI GRUNTAMI WŚRÓD DROBNYCH ROLNIKÓW UPRAWIAJĄCYCH MANIOK CASSAVĘ W STANIE OYO NIGERIA**

Charakterystyka społeczno-ekonomiczna rolników

1. Wiek rolników ..............................................
2. Seks: Mężczyzna ......................Kobieta ..................................
3. Stan cywilny: Pojedynczy.... Żonaty ......Rozwiedziona ......wdowa ....... Wdowiec ......................
4. Rok edukacji ..............................
5. Podstawowe zajęcie rolnika: P.........olowanie na zwierzęta hodowlane............... .........
6. Długość doświadczenia rolnika w gospodarstwie w latach ................................
7. Wielkość gospodarstwa rolnego w hektarach ...................................
8. Wielkość gospodarstwa domowego ......................................
9. Lata doświadczenia w zarządzaniu gospodarstwem rolnym ................................
10. Poziom dochodów gospodarstw rolnych ........................................
11. Co jest twoim źródłem pracy: Rodzina .............. Wynajęta ..................
12. Poziom edukacyjny: Brak formalnej edukacji............ . Szkoła podstawowa ....... Liceum... Trzeciorzędna instytucja.... Inni....
13. Oszacuj liczbę działek, które posiadasz, w następujący sposób.

| Rodzaje własności | Liczba działek | Równoważnik hektarowy |
|---|---|---|
| Dziedziczenie | | |
| Zakup | | |
| Wynajem/wydanie | | |
| Wspólnota | | |
| Grunty rządowe | | |
| Nielegalne wkraczanie | | |

**Informacje o zarządzaniu składnikami pokarmowymi w glebie**

14. Czy można wskazać stan gruntów rolnych w odniesieniu do następujących wskaźników?

| Grupa wskaźnikowa | Wskaźniki zrównoważonej gospodarki gruntami | Monitorowanie i ocena | Kody wskaźników | Zaznacz po jednym dla każdej grupy |
|---|---|---|---|---|
| Utrzymanie pokrywy glebowej | Dynamika wzrostu upraw | Zahamowany wzrost | 1 | |
| | | Pewien nierównomierny lub zahamowany wzrost | 2 | |
| | | Zdrowy, energiczny i jednolity wzrost | 3 | |
| | Trend wegetatywnych osłon | Bardzo nieliczne teraz i tendencja spadkowa | 1 | |
| | | Bardzo skąpy teraz i ten sam trend | 2 | |
| | | Skąpa teraz i tendencja spadkowa | 3 | |
| | | Skąpy teraz i ten sam trend | 4 | |
| | | Całkowicie pokryte teraz i ten sam trend | 5 | |
| | | Całkowicie pokryte teraz i tendencja wzrostowa | 6 | |
| | Pokrycie resztki | Niewielkie lub żadne pozostałości powierzchniowe, naga gleba obecna | 1 | |
| | | Obecne są pewne pozostałości powierzchniowe, ale powierzchnia gleby nie jest całkowicie pokryta | 2 | |
| | | Powierzchnia gleby pokryta przez cały rok, niewiele gołej gleby | 3 | |

| | | obecnej | | |
|---|---|---|---|---|
| Tendencja i zmienność wydajności upraw | Wydajność upraw | Konsekwentnie niskie plony | 1 | |
| | | Niespójne plony | 2 | |
| | | Konsekwentnie dobre plony | 3 | |
| | Wydajność pracy | Zmniejszający się | 1 | |
| | | Tak samo | 2 | |
| | | Rosnące | 3 | |
| | Zysk na hektar | Zmniejszający się | 1 | |
| | | Ten sam | 2 | |
| | | Rosnące | 3 | |
| Jakość/ilość gleby | Kolor substancji organicznej | Kolor górnej warstwy gleby podobny do koloru górnej warstwy gleby | 1 | |
| | | Gleba górna wyraźnie określona, ciemniejsza od podłoża | 2 | |
| | Odwadnianie/filtracja | Gleba wchłaniała wodę bardzo powoli, dużo spływu lub erozji nadmierne mokre miejsca w polu i profilu gleby | 1 | |
| | | Gleba powoli wchłania wodę, częściowo spływ lub erozję, częściowo mokre miejsca na polu i w profilu glebowym | 2 | |
| | | Gleba szybko wchłania wodę, bardzo mało spływu lub erozji, woda jest równomiernie odprowadzana przez pole i profil gleby | 3 | |
| | Pojemność zbiornika | Gleba ma ograniczoną zdolność do | 1 | |

| | | | | |
|---|---|---|---|---|
| | wodnego | zatrzymywania wody, stres roślin kilka dni po dobrym deszczu | | |
| | | Gleba ma umiarkowaną zdolność do zatrzymywania wody po około tygodniu. | 2 | |
| | | Gleba dobrze zatrzymuje wodę, utrzymuje wodę przez długi okres czasu bez tworzenia oczek wodnych | 3 | |
| | Agregacja | Powierzchnia jest twarda i nie rozpada się, po wyschnięciu jest bardzo sypka. | 1 | |
| | | Gleba kruszy się w ręku, niewiele kruszywa | 2 | |
| | | Na powierzchni gleby znajduje się wiele miękkich, małych agregatów, które łatwo się kruszą. | 3 | |
| | Dżdżownica. Życie glebowe | Bardzo mało robaków, owadów lub widocznego życia w ziemi na jednej łopacie. Niewielkie dowody aktywności (dziury lub ciepłe odlewy) | 1 | |
| | | Niektóre robaki, owady i inne widoczne żywotności gleby na łopacie, niektóre dowody aktywności | 2 | |
| | | Wiele robaków, owadów lub widocznego życia w ziemi na jednej łopacie | 3 | |
| | Zagęszczanie i zakorzenienie | Twarde warstwy, mocno ograniczona penetracja korzeni, bardzo mało korzeni, w większości poziomych | 1 | |

| | | | | |
|---|---|---|---|---|
| | | Gleba jędrna, lekko ograniczona penetracja korzeni, więcej korzeni, niektóre poziome, a niektóre pozostające pionowe. | 2 | |
| | | Luźna gleba, nieograniczona penetracja korzeni, wiele pionowych i poziomych korzeni, głębokie ukorzenienie | 3 | |
| | Zaufanie/ nagły przypadek | Powierzchnia gleby łatwo się uszczelnia po uprawie lub deszczu, hamuje wschody sadzonek | 1 | |
| | | Uszczelnianie powierzchni gleby, minimalny wpływ na wschody sadzonek | 2 | |
| | | Powierzchnia gleby ma powierzchnię otwartą lub porowatą przez cały sezon, wschody sadzonek nie są naruszone | 3 | |
| | Pochylenie/zdolność do pracy | Crusting, duże grudy, aż z trudem | 1 | |
| | | Niektóre miażdżące małe grudki o średnim uciągu | 2 | |
| | | Łagodna, krucha uprawa roli, nie pozostawiająca grudek | 3 | |
| | Erozja wiatrowa lub wodna | Gleba widoczna dryfująca płytkie wierzchołki, podłoże wykazujące na powierzchni lub duże wąwozy obecne | 1 | |
| | | Pewne dowody na dryfowanie gleby, kilka wąwozów | 2 | |
| | | Niektóre kolorowe spływy | 3 | |
| | Zasolenie | Widoczna sól, martwe rośliny | 1 | |

| | | Zahamowany wzrost | 2 | |
|---|---|---|---|---|
| | | Nie stwierdzono widocznych uszkodzeń soli lub roślin | 3 | |
| | Stosowanie nawozu na poziomie pola we właściwy sposób | Nawóz nieorganiczny nie stosowany do upraw | 1 | |
| | | Nawóz nieorganiczny nie stosowany w uprawach w odpowiedniej ilości i jakości | 2 | |
| | | Nawóz nieorganiczny stosowany do upraw w odpowiedniej ilości i jakości | 3 | |
| | Stosowanie obornika organicznego | Obornik organiczny nie jest nakładany na glebę | 1 | |
| | | Obornik organiczny jest nakładany na glebę | 2 | |
| | Mulczowanie upraw | Pozostałości roślinne nie są stosowane w celu zapobieżenia narażeniu wierzchniej warstwy gleby na bezpośrednie działanie promieni słonecznych i erozji. | 1 | |
| | | Pozostałości roślinne są stosowane w celu zapobiegania narażeniu wierzchniej warstwy gleby na bezpośrednie działanie promieni słonecznych i erozji. | 2 | |
| | Stosowanie uprawy minimalnej | Uprawa roślin obejmuje uprawę minimalną | 1 | |
| | Sadzenie roślin okrywowych lub inne metody ograniczania erozji gleby | W celu ograniczenia erozji gleby stosuje się rośliny okrywowe lub wszelkie inne metody | 1 | |

| | Rotacja upraw | W celu ograniczenia erozji gleby stosuje się rośliny okrywowe lub wszelkie inne metody | 1 | |
|---|---|---|---|---|
| | Ugoda gruntowa | Rośliny uprawne są uprawiane w sposób ciągły na działce. | 1 | |
| | | Może odpoczywać po pewnym czasie. | 2 | |
| | Poziom wody | Poziom wody do nawadniania zmniejsza się co roku | 1 | |
| | | Poziom wody do nawadniania jest utrzymywany lub zwiększany | 2 | |
| | Jakość wody | W wodzie do nawadniania znajdują się zauważalne zanieczyszczenia | 1 | |
| | | Woda do nawadniania jest wolna od wszelkich form zanieczyszczeń. | 2 | |
| | Pestycydy | Pestycydy stosowane do upraw mogą mieć zanieczyszczoną wodę | 1 | |
| | | Pestycydy niestosowane w zbyt wielu uprawach | 2 | |
| | Herbicydy | Herbicydy stosowane do upraw mogą mieć zanieczyszczoną wodę | 1 | |
| | | Herbicydy nie stosowane do upraw | 2 | |
| | Stosowanie trucizny chemicznej do połowu ryb | Trucizna rybna jest stosowana w wodzie irygacyjnej w celu zwiększenia połowów ryb. | 1 | |
| | | Trucizny rybnej nie stosuje się do wody irygacyjnej w celu zwiększenia połowów ryb. | 2 | |
| | Zrzuty przemysłowe | Zrzuty przemysłowe zanieczyszczają wodę | 1 | |
| | | Zrzuty przemysłowe nie zanieczyszczają wody | 2 | |

| | | | | |
|---|---|---|---|---|
| | Intensywność użytkowania gruntów | Rocznie | 1 | |
| | | Dwa razy w roku | 2 | |
| | | Kwartalnik | 3 | |
| | Intensywność wykorzystania siły roboczej (brak zatrudnionego pracownika) | Wzrost zatrudnienia | 1 | |
| | | Pracownicy zatrudnieni na tym samym stanowisku | 2 | |
| | | Zatrudnienie malejące | 3 | |
| | Rodzaje pędów | Sama lokalna łodyga | 1 | |
| | | Lokalne i ulepszone łodygi | 2 | |
| | | Sama ulepszona łodyga | 3 | |
| | Intensywność wykorzystania łodygi | Wzrost gęstości obsady roślin | 1 | |
| | | Gęstość obsady roślinnej taka sama | 2 | |
| | | Zmniejszenie obsady roślinnej | 3 | |

15. Masz problem z uzyskaniem ziemi? Tak............... Nie...............

16. Od jak dawna korzystasz z tej ziemi? .....................Od lat.

17. Jak wiele razy w ciągu roku uprawiasz działkę? ..............Czasami...

C Działalność rolnicza

| Uprawa | Powierzchnia (ha) | Wydajność (kg/ha) | Dochód (Naira) |
|---|---|---|---|
| Cassava | | | |
| Inni | | | |
| | | | |
| | | | |
| | | | |

18. Źródła zaopatrzenia w wodę dla gospodarstwa. Nawadnianie.............. Opady deszczu..............

19. Sposób uprawy

Uprawa lokalna/ręczna

Ulepszona technologia zmechanizowana

20. Powiesz, że twoja ziemia jest żyzna? Tak.............. Nie...................

21. Czy kiedykolwiek słyszałeś o praktykach zarządzania gruntami? Tak ............Nie.........

22. Jakie są czynniki odpowiedzialne za to, że twoja ziemia jest niezrównoważona?

23. Brak materii organicznej.................

Uprawa ciągła ............................

Spływ erozyjny .............................

Nieodpowiednie grunty rolne ........................

Pestycydy .........................................

Brak zaopatrzenia w wodę ..........................................

24. Poziom dochodów gospodarstw rolnych

| Rośliny uprawne | Wydatki | Dochód (Naira) |
|---|---|---|
| Cassava | | |
| Inni | | |
| | | |
| | | |

| **Wydatki** | ₦ |
|---|---|
| Projekt ustawy o szpitalu | |
| Wynajem domu | |
| Zaopatrzenie w wodę | |
| Energia elektryczna | |
| Sanitariat | |

Printed by Books on Demand GmbH, Norderstedt / Germany